ENCYCLOPÉDIE-RORET

TERRASSIER

ET

ENTREPRENEUR DE TERRASSEMENTS

TOME PREMIER

PARIS

ENCYCLOPÉDIE-RORET

L. MULO, LIBRAIRE-ÉDITEUR

12, RUE HAUTEFEUILLE, VIᵉ

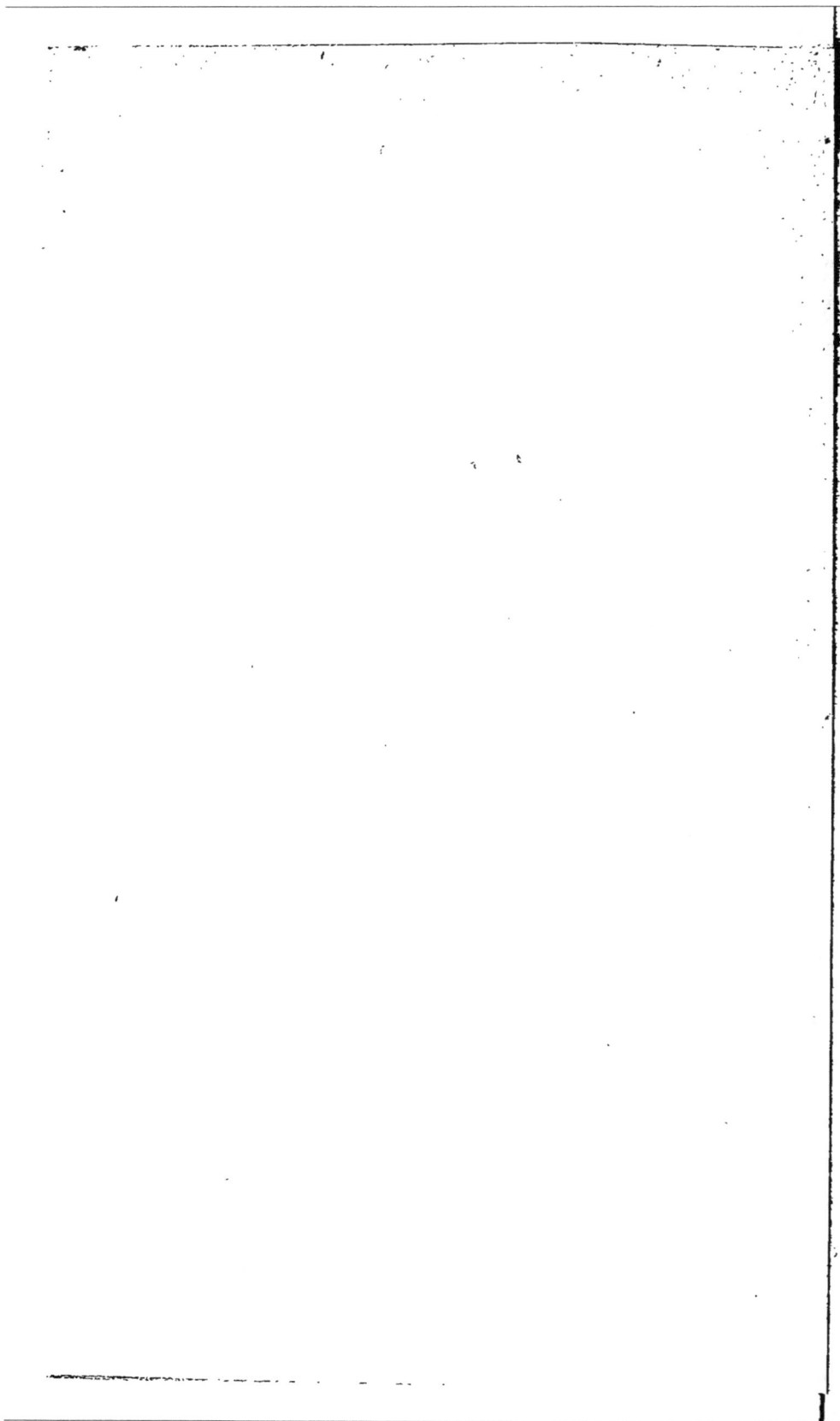

ENCYCLOPÉDIE-RORET

TERRASSIER

ET

ENTREPRENEUR DE TERRASSEMENTS

TOME PREMIER

MANUELS-RORET

NOUVEAU MANUEL COMPLET

DU

TERRASSIER

ET DE

L'ENTREPRENEUR DE TERRASSEMENTS

CONTENANT

Une analyse complète des divers modes de transport,
l Organisation des Chantiers,
les Extractions de roches et les Excavations
souterraines ou à ciel ouvert

Par Ch. ÉTIENNE, Ad. MASSON et D. CASALONGA
Ingénieurs civils

NOUVELLE ÉDITION

ENTIÈREMENT REFONDUE ET AUGMENTÉE DE LA DESCRIPTION SOMMAIRE

DES GRANDS TRAVAUX MODERNES

DE TERRASSEMENT, D'EXCAVATION ET DE PERCEMENT

SUIVIE DE LA SÉRIE DES PRIX POUR LES TRAVAUX DE TERRASSEMENT

Par N. CHRYSSOCHOÏDÈS
Ingénieur des Arts et Manufactures

Ouvrage orné de 63 figures dans le texte
et accompagné d'un Atlas renfermant XXII planches gravées sur acier

TOME PREMIER

PARIS
ENCYCLOPÉDIE-RORET
L. MULO, LIBRAIRE-ÉDITEUR
12, RUE HAUTEFEUILLE, VIe
1910

AVIS

Le mérite des ouvrages de l'**Encyclopédie-Roret** leur a valu les honneurs de la traduction, de l'imitation et de la contrefaçon. Pour distinguer ce volume, il porte la signature de l'Éditeur, qui se réserve le droit de . le faire traduire dans toutes les langues, et de poursuivre, en vertu des lois, décrets et traités internationaux, toutes contrefaçons et toutes traductions faites au mépris de ses droits.

PRÉFACE

Depuis l'ouverture des grands chantiers de construction des travaux publics d'une importance considérable, tels que percement du Simplon, du Saint-Gothard, construction du chemin de fer métropolitain de Londres et, tout récemment, prolongement du chemin de fer Paris-Orléans de la gare d'Austerlitz au quai d'Orsay, chemin de fer métropolitain de Paris ayant entraîné la déviation d'une grande partie du réseau d'égouts, l'exécution des travaux de terrassement exige des connaissances assez profondes de l'art de l'ingénieur, surtout depuis que les machines se sont substituées au travail manuel.

Sans rien changer à l'ancien ouvrage, nous avons tenu à le mettre à la hauteur des progrès récents en ajoutant la description des méthodes basées sur l'emploi de l'air comprimé, des perforatrices mécaniques et de la méthode dite du *bouclier*, employée sur un grand nombre de chantiers du métropolitain de Paris, et qui restera la méthode de l'avenir pour tous les grands travaux souterrains.

Nous avons divisé l'ouvrage en trois parties bien distinctes suivant que les travaux de terrassement s'effectuent en *plein air ; sous le sol*, c'est-à-dire en *souterrain*, et enfin *dans l'eau.*

Les terrassements à ciel ouvert ont fait l'objet de plusieurs ouvrages et les difficultés qu'ils présentent sont faciles à prévoir. Nous avons davantage insisté sur la partie des terrassements souterrains, qui présentent bien des imprévus. Nous avons décrit les anciennes méthodes et celle du *bouclier* qui a été employée tout récemment aux grands travaux de Paris. Nous avons intercalé un grand nombre de figures afin de rendre la description plus facile à comprendre, et nous tenons à remercier l'éditeur des sacrifices qu'il a consentis pour que le nouveau Manuel soit à la hauteur des progrès modernes.

NOUVEAU MANUEL COMPLET

DU

TERRASSIER

TOME PREMIER

—

CHAPITRE PREMIER

Origine des grands chantiers de terrassement. — Aperçu des grands travaux modernes exécutés, en voie d'exécution ou en prévision.

—

La question des terrassements a pris, de nos jours, une importance extraordinaire. La construction des routes, des canaux, des endiguements n'avait pas encore, jusqu'au commencement du XIXᵉ siècle, nécessité l'emploi de moyens nouveaux. Avec l'apparition et le développement des chemins de fer, les chantiers de terrassement ont pris tout à coup des proportions inusitées.

L'histoire des chemins de fer ne remonte pas au delà de 1650. A cette époque, des usiniers anglais aux environs de Newcastle transportaient la houille et le minerai dans des wagons roulant sur de simples rails en bois et remorqués par des chevaux. Bientôt les rails en fonte sont substitués à ceux en bois ; en 1738, on voit apparaître les rails en fer ; vingt ans après, Cugnot essaye d'appliquer la force élastique de la vapeur au mouvement des voitures. Déjà la machine à vapeur, suffisamment connue dès le commencement du xviiie siècle, fait entrevoir l'immense avenir des chemins de fer. Stephenson construit, dès 1814, les premières locomotives, perfectionnées douze ans plus tard par Seguin, et l'on songe enfin à lancer sur de longues lignes ferrées, ces puissants instruments d'une locomotion rapide pouvant atteindre une vitesse de 20 à 25 lieues à l'heure. Et c'est alors que l'on vit s'ouvrir ces immenses artères qui, des alentours de quelques usines anglaises et américaines, s'étendirent bientôt sur les deux continents qu'elles sillonnèrent en tous sens, facilitant les échanges, rapprochant les idées et les peuples, contribuant enfin à tous les progrès, comme le plus merveilleux instrument de la civilisation moderne.

Avec elles s'ouvre l'ère des grands travaux d'art et de terrassements. Ces derniers, bornés jusqu'alors aux besoins des routes, des canaux ou des digues de défense, avaient fait peu de progrès. Les besoins des nouveaux travaux exigèrent des méthodes nouvelles, et il fallut déserter les errements traditionnels pour attaquer avec des moyens plus rapides ces immenses travaux qu'il fallait exécuter avec autant d'économie que de célérité. Un nouvel essor fut ainsi donné aux conceptions du génie civil, et l'on vit s'exécuter ces gigantesques travaux

modernes considérés jusqu'alors comme des impos-
sibilités ou envisagés avec des probabilités dou-
teuses. Le tunnel sous la Tamise, celui plus long
de la Nerthe, le creusement de l'isthme de Suez, le
chemin de fer du Pacifique, sont autant d'entreprises extraordinaires dont la réussite a frappé le
monde d'admiration. Les Alpes mêmes, malgré
des difficultés vaincues, sans cesse renaissantes,
ont eu bientôt leurs flancs percés. En vain la roche
la plus dure faisait hésiter les plus hardis, et des
esprits éminents doutaient que l'œuvre puisse
s'achever ; de nouveaux et plus puissants efforts
furent imaginés, et la roche ne put tout au plus
que reculer de quelques années l'achèvement de ce
grand travail.

Ce coup d'œil d'ensemble jeté sur les grands travaux exécutés montre les progrès rapides qui se
sont accomplis, dans moins d'un demi-siècle, pour
la conduite des chantiers importants, et dans un
avenir prochain on verra assurément s'exécuter
plusieurs projets, imposants par leur utilité et leur
grandeur, et considérés jusqu'à nos jours comme
des chimères.

L'achèvement de l'isthme de Panama est à l'ordre
du jour.

Un grand canal maritime est projeté, entre la
Méditerranée et l'Adriatique.

L'Allemagne du Nord fait étudier le creusement
de l'isthme de Jutland pour la communication
directe entre la mer du Nord et la Baltique (1).

-----

(1) L'exécution d'un canal à travers l'Irlande, depuis
Dublin jusqu'à Galway, pour faciliter la navigation entre

L'exécution d'un passage ferme entre la France et l'Angleterre par un ou deux tunnels sous-marins parallèles, s'étendant de Douvres aux environs du cap Blanc-Nez, préoccupe sérieusement l'esprit public.

Et au moment où nous écrivons, plusieurs projets sont en présence pour réaliser cette pensée nationale si longtemps caressée, qui voudrait faire de Paris un port de mer par un canal maritime à grande section.

Il semble que l'ouverture réalisée du canal de Suez ait fait éclore tous ces projets, également présentés avec confiance, soutenus avec une égale ardeur et dont, après l'achèvement de cette grande entreprise, on est en droit d'espérer le succès.

L'étude des voies et moyens se rapportant aux travaux de terrassement et aux plus grands, est donc toute d'actualité, et en étudiant les méthodes modernes et leurs diverses applications, l'entrepreneur et le tâcheron se mettront à même, non seulement de mieux conduire leur entreprise, mais encore d'y introduire de nouvelles améliorations.

Notre but est de les initier, dans la mesure de nos moyens, aux dispositions multiples diversement appliquées selon les circonstances locales. Il est aussi et surtout de leur faire plus particulièrement connaître le matériel moderne dont l'emploi judicieux a réalisé plus d'une grande fortune. Nous n'oublierons pas, toutefois, que ce livre s'adressant

---

Liverpool et la mer du Nord, est à l'étude ; et il est aussi question de réunir la côte d'Écosse à celle d'Irlande à l'aide d'un tunnel sous-marin de 22 kilomètres qui serait creusé dans un banc de grès solide.

à tous, il doit aussi renfermer les principes élémentaires de la terrasse, d'autant plus que les méthodes simples ont une application journalière
aux travaux courants.

Procédant du simple au composé, nous étudie-
rons sommairement les applications ordinaires,
nous élevant graduellement jusqu'aux questions
contemporaines les plus importantes.

CHAPITRE II

**Aperçu sur quelques méthodes de levés
de plan et de nivellement. — Procédés
d'évaluation des déblais et remblais. —
Tracés des courbes de raccordement. —
Outillage et matériel des chantiers ordinaires. — Appareils d'épuisement.**

Dans la pratique usuelle, nous considérerons
comme travaux élémentaires de terrassements :

Le tracé préliminaire et l'exécution des chemins,
routes, canaux à petite section et endiguements.

La vérification de ces divers ouvrages.

Leur étude étant plus spécialement du ressort de
l'Ingénieur ou Directeur des travaux est en dehors
des attributions des Entrepreneurs. Mais il n'est
aucun d'eux assurément qui veuille ou puisse
ignorer les considérations et les moyens qui servent

à établir les projets et devis, cette question ayant une relation intime avec l'estimation des prix.

Lorsqu'un tracé quelconque est suffisamment déterminé par des considérations locales, il est indispensable de procéder à l'étude de ce tracé provisoire, en faisant le levé et le nivellement d'une zone assez large, dont on décrit dans une colonne spéciale d'observations, les facilités ou difficultés qu'elle peut offrir au tracé par la nature de son terrain dont on pourra s'assurer par quelques sondages. C'est sur le relevé de cette zone que l'ingénieur cherchera à fixer l'axe définitif du tracé, en lui faisant subir un déplacement qui permette la compensation des déblais et remblais et qui puisse satisfaire aux autres conditions d'économie, d'exposition, de stabilité, etc. Ce tracé définitivement arrêté, on en détermine l'alignement rigoureux sur le terrain, en raccordant ces divers alignements par des courbes généralement circulaires d'un rayon convenable. Ces alignements et raccords sont indiqués par des piquets, d'autant plus rapprochés que le terrain est accidenté. Le plus souvent numérotés, et offrant des marques spéciales, selon qu'ils sont en alignement droit, en courbe, en rampe ou en pente. Au pied de chacun de ces piquets, dont la partie supérieure est à la hauteur du remblai, ou à une distance connue en *cote ronde*, est un autre piquet planté ras du sol, et sur lequel a été prise la cote de nivellement. On a ainsi le tracé du *profil en long*.

En face de chaque piquet du profil en long, on relève un *profil en travers*, dont nous allons bientôt parler à propos du *nivellement*. Enfin, il est remis à l'entrepreneur un état des nivellements tant en long qu'en travers, l'évaluation des cubes, des distances de transport et des prix : le relevé des sondages, etc. Après quoi, il est généralement mis en demeure d'exécuter son entreprise dans un délai et des conditions déterminés.

C'est alors que commence véritablement sa tâche et qu'il doit faire preuve d'une intelligente initiative. Après l'étude préalable du projet et sa vérification sur le terrain, il pourra avec utilité s'informer de l'avis des personnes qui ont concouru à sa rédaction, prendre les dispositions pour être en mesure de commencer son entreprise au temps voulu et la mener à bonne fin, en s'inspirant des ressources locales et de la conduite des entreprises analogues.

Arpentage. Levé de plan (1). — Il n'entre pas dans le métier d'entrepreneur d'arpenter, ou lever des plans. Il doit toutefois connaître l'usage du graphomètre et de l'équerre qui servent le plus généralement à ce genre d'opération. Ce dernier instrument est surtout très commode et d'un emploi fréquent sur les chantiers, par la facilité avec laquelle on élève des perpendiculaires et on mène des parallèles à des alignements dont on peut mesurer avec la même facilité les angles qu'ils font entre eux. A l'aide de l'*équerre*, de la *chaîne* d'arpenteur, et de quelques *jalons*, l'entrepreneur peut vérifier toute sa ligne de travaux, en dehors du nivellement.

------

(1) Pour de plus amples détails, consulter le *Manuel de l'Arpentage et Lever des Plans,* par Bourgoin (Encyclopédie-Roret).

Nous ne décrirons aucun de ces instruments si généralement connus. Il importe seulement que le bâton de l'équerre soit le plus droit possible et que la visée ait toujours lieu du même côté des jalons. Il faut surtout vérifier l'instrument et s'assurer que les pinnules occupent rigoureusement une position rectangulaire, ce dont on s'assure aisément en faisant mouvoir le cylindre supérieur après avoir visé deux alignements rectangulaires.

Généralement, les équerres d'arpenteur contiennent une aiguille aimantée se mouvant sur un limbe gradué situé à la partie supérieure. Cette aiguille est rendue fixe ou mobile à volonté.

Le graphomètre, qui offre plus de précision que l'équerre, est moins employé dans les travaux courants du terrassement que l'équerre. Il est plus spécialement affecté au levé des plans dont il contribue à résoudre un grand nombre de problèmes, surtout quand muni d'un théodolithe ou lunette plongeante, il permet de viser loin et de donner les angles réduits à l'horizon.

Il convient, quand on met le graphomètre en place, de bien s'assurer que le centre du limbe est bien sur le sommet de l'angle qu'on veut mesurer. Cette vérification se fait à l'aide du fil à plomb ou d'une petite pierre qu'on laisse tomber du centre de l'instrument. Quant à la chaîne, nous nous bornerons à la recommandation de l'étalonner sans cesse, par suite de l'allongement qu'elle éprouve à l'usage. Il faut aussi avoir soin, en chaînant, que la fiche *arrière* porte contre le bord *intérieur* de la poignée, pendant que la fiche *avant* portera toujours contre le bord *extérieur* de l'autre poignée,

On ne perd sur la longueur de la chaîne, en mesu-
rant ainsi, que l'épaisseur du fil de fer de la poignée. On pourrait donc, pour mesurer exactement,
faire la chaîne plus longue de cette épaisseur.

On se sert beaucoup, sur les chantiers, de rou-
lettes en fil gommé ou en acier. Ces dernières sont
commodes et préférables. Celles en fil s'allongent
en séchant, ou se raccourcissent en se mouillant.

Nivellement. — L'entrepreneur doit pouvoir
vérifier le nivellement de son entreprise. Ce nivellement sera *simple* ou *composé* ; il s'exécutera avec
le *niveau d'eau* ou *le niveau à bulle d'air*, quelquefois avec des *nivelettes.* Tout entrepreneur connaît
ces instruments indispensables qu'il est inutile de
décrire longuement.

Mirettes ou nivelettes. — Avant l'examen des
instruments usuels propres au nivellement, nous
dirons quelques mots des *mirettes* ou *nivelettes*, qui
servent à déterminer la différence de hauteur de
deux points, au moyen de l'horizon.

La méthode de nivellement dite à l'*horizon*, consiste à planter aux deux points dont on veut
connaître la différence de niveau, deux fiches, dont
l'une a à sa partie supérieure un carré de papier
retenu dans une fente. Le côté supérieur de ce carré
de papier est sensiblement horizontal. L'opérateur
placé à l'autre point, vise à l'horizon en faisant
glisser son pouce sur la fiche qu'il tient à la main,
jusqu'à ce que celui-ci se trouve dans le même
plan que le rayon visuel, passant par le côté supérieur du carré et se perdant à l'horizon.

La différence de hauteur au-dessus du sol, de ces
deux points est la différence cherchée.

1.

Quelque grossier que paraisse ce procédé, nous lui avons toujours vu donner des résultats assez exacts. Nous avons vu pour la première fois l'application de ces méthodes empiriques, lors de la construction d'une digue littorale, destinée à défendre les étangs intérieurs et les terres basses de la Camargue, contre les envahissements de la mer. Lors de l'établissement des salines de Giraud, dans le même delta, nous avons eu occasion de les employer nous-même, et nous nous en sommes toujours bien trouvé.

Ajoutons qu'il y a pour cet objet, des nivelettes à coulisses d'un usage fréquent, principalement pour la pose des rails sur la voie.

Niveau d'eau. — Le niveau d'eau ne peut servir qu'à opérer sur de faibles distances ; encore faut-il une certaine habitude, et un temps calme pour ne pas commettre des erreurs notables. Quand l'air est agité, on a soin, après avoir fixé le pied le plus solidement possible, de couvrir les fioles avec une feuille de papier, chargée par un petit caillou ou une pièce de monnaie. Il faut toujours viser de la même manière, tangentiellement aux deux cercles formés par la surface du liquide, et en se mettant à un mètre environ en arrière de l'instrument.

Généralement on ne se sert de ce niveau que pour un nivellement *simple* et à une distance de 30 mètres au plus.

Le niveau à bulle d'air est un instrument assez délicat, quel qu'en soit le système. On connaît aujourd'hui trois genres de niveaux à bulle d'air. Celui d'Egault, celui de Lenoir, et le niveau Chairgrasse. Chacun de ces instruments doit être convenablement réglé, afin que le rayon visuel de la lunette soit parfaitement horizontal, quelle que soit la position de cette lunette sur le limbe circulaire. Il importe d'opérer avec attention, mais le plus rapidement possible. A des intervalles un peu éloignés entre deux coups de niveau sur le même point, il existe parfois des différences assez sensibles, sans que ni la mire, ni l'instrument aient changé de place. Ce cas se présente lorsque, par suite d'un changement brusque de température, la réfraction du rayon visuel par l'air, augmente ou diminue.

Quand la mire est éloignée de l'opérateur, la moindre vibration de l'instrument, change l'indication. Sur des terrains compressibles un peu élastiques, comme les terres d'alluvion, le simple déplacement de l'opérateur autour de l'instrument, fait considérablement varier la lecture. Il faut veiller avec soin à ce que le moindre corpuscule ou grain de poussière ne s'interpose jamais entre les appuis de la lunette et le limbe sur lequel elle tourne.

Mires. — De quelque niveau qu'on se serve, on peut viser sur une *mire à voyant*, plus spécialement employée cependant avec le niveau d'eau. Le *voyant* est un carré de tôle mince pouvant glisser contre une règle graduée à coulisse, sur laquelle on peut le fixer à l'aide d'une douille à vis de serrage. Ce carré est lui-même divisé en quatre petits carrés égaux dont deux sont peints en blanc, les deux autres en noir ou en rouge. Les diagonales des carrés de même couleur sont situées sur la diagonale du grand carré, de manière à rendre visible leur ligne de séparation appelée *ligne de foi*.

La *mire parlante* est spéciale aux niveaux à bulle d'air. C'est une règle plate de 10 à 12 centimètres de largeur, également à coulisse, pouvant donner, en se développant, 4 mètres de hauteur. Sa division métrique est alternée de droite à gauche par demi-décimètres. Les chiffres indiquant le nombre de décimètres à partir de l'origine sont renversés, ce qui est motivé par la disposition des verres de la lunette qui renverse tous les objets. C'est un léger inconvénient auquel on s'habitue vite et qui dispense de redresser les images vues à travers la lunette par l'interposition de deux autres verres lenticulaires, ce qui aurait pour effet de donner une lecture moins claire. Certaines mires parlantes, suivant une disposition due à M. Bourdaloue, ont une division métrique double de la division ordinaire ; de sorte qu'en visant on lit une cote qui est la moitié de la cote réelle. Cette disposition a pour but d'obtenir la moyenne de deux visées successives par une simple addition des deux cotes lues.

Pour exécuter ou vérifier le nivellement d'un profil en long, le *porte-mire* se place au piquet n° 1, posant la mire sur le piquet planté ras du sol. L'opérateur se place le plus possible au milieu de la distance qui sépare deux piquets successifs. Cette position milieu est avantageuse, en ce qu'elle corrige naturellement l'erreur résultant de la différence qui existe entre le *niveau réel* et le *niveau apparent*. Cette différence, due à la sphéricité de la terre, est négligeable jusqu'à 80 mètres, mais au-delà il est bon d'en tenir compte en retranchant de la cote lue

0^m 001 pour une distance de...   100 mètres.
0^m 002   —   —   150   —
0^m 003   —   —   175   —

au delà de laquelle on n'a plus d'indications suffi-samment précises, quelle que soit la bonté de la lunette.

La position milieu, entre deux points à niveler successivement, corrige non seulement cette erreur, mais aussi celle provenant de la réfraction du rayon visuel dans l'air et qui est en sens contraire de la précédente. En effet, la différence de hauteur entre deux points étant obtenue par la différence entre les cotes de nivellement de ces points, cette différence ne sera pas affectée si les deux cotes sont également augmentées ou diminuées.

Une fois le niveau installé entre les deux pre-miers piquets, l'opérateur visera sur la mire posée au piquet n° 1. Cette mire sera *à voyant* dans tous les cas ; elle sera *parlante* dans le cas d'un niveau à lunette. Le *coup de niveau* sur ce premier piquet est dit *coup arrière* ; c'est le résultat moyen de deux cotes obtenues par deux visées successives, en retournant la lunette de manière à corriger un léger défaut de parallélisme qui pourrait exister entre l'axe de la lunette et le plan horizontal. Ces deux visées sont inscrites sur un tableau préparé dont le modèle est trop connu pour que nous en donnions le tracé. Vis-à vis ces deux cotes, et dans la colonne intitulée *arrière*, est inscrite la cote moyenne.

Après le coup arrière et à un signe qui lui est fait, le *porte-mire* se transporte au piquet n° 2, et l'opérateur, sans déplacer en rien son instrument, procède au *coup avant* de la même manière que précédemment et en inscrivant la moyenne dans la colonne des coups *avant*. L'instrument est alors reporté entre les piquets n°ˢ 2 et 3, l'opérateur prend son *coup arrière* sur le n° 2 que le porte-mire ne quitte qu'après le signal convenu pour se reporter au piquet suivant où est pris le nouveau *coup avant*, et ainsi de suite.

Ce nivellement est dit *composé*, par opposition au nivellement *simple* qui a lieu entre deux ou plusieurs points, sans changer l'appareil de place et sans rattacher ce premier nivellement à aucun autre.

On voit qu'après le n° 1, chaque piquet comporte un coup avant et un coup arrière. La différence entre ces deux coups, suivant qu'elle est dans un sens ou dans l'autre, est inscrite dans l'une des deux colonnes du tableau disposées à cet effet.

Pendant le déplacement du porte-mire d'un piquet à l'autre, l'opérateur complète le tableau en y indiquant les distances entre les piquets si elles n'y sont pas déjà, en y inscrivant les cotes au-dessus ou au-dessous du *plan de comparaison* adopté, et enfin en y transcrivant les observations relatives au terrain, à sa nature, etc. Le profil en long se trouve ainsi déterminé.

Pour les profils *en travers*, à chacun des piquets du profil en long et perpendiculairement à l'axe du tracé, on plante des piquets aux points les plus accentués du terrain, on mesure l'écartement entre ces piquets et on procède au nivellement sur chacun de ces points. Ce nivellement ne comportant qu'une seule opération distincte pour chaque profil est dit *simple*. Il peut être fait, soit après celui du profil en long, soit simultanément. On devra faire la correction due aux distances et, suivant la température, celle due à la réfraction.

Il y a des tableaux pour les profils en travers, comme pour les profils en long, comportant les coups *avant* et *arrière*, ce qui suppose un nivellement *composé*. Généralement le nivellement des profils en travers a lieu en même temps que celui du profil en long et ne comporte que les coups *avant*, ce qui permet à l'opérateur d'inscrire les cotes à gauche ou à droite d'un tableau, suivant que les piquets auxquels correspondent ces cotes sont à gauche ou à droite de l'axe de la route. On distingue ainsi le premier piquet de droite a et le premier piquet de gauche a', le deuxième piquet de droite b et le deuxième piquet de gauche b', etc. La cote sur le piquet d'axe est évidemment la même que celle du profil en long et dont toutes les autres sont déduites.

Les opérations sur le terrain ainsi terminées, on exécute et on vérifie le dessin des profils, sur lequel est indiqué le *tracé du projet*, ce qui permet le calcul ou la vérification *des cotes rouges*. Le projet est ainsi établi ou accepté, et l'on peut dès lors s'occuper des *remblais* et *déblais*, de l'évaluation des *distances moyennes* de transport, des moyens à employer, et des *prix* qui s'y rapportent.

CHAPITRE III
Déblais et remblais

Avant de passer à la détermination des cubes, nous devons faire remarquer que, lorsque les volumes considérés sont d'une certaine importance, il importe pour les déterminer exactement, que les profils en travers soient rapprochés le plus possible, surtout si le terrain est accidenté. Il importe, en outre, quand entre deux profils, on doit passer des remblais aux déblais, ou réciproquement, de déterminer, par un calcul proportionnel, la *ligne de passage*. Cette ligne s'obtient en déterminant chacun de ses points, appelés naturellement *points de passage*, et elle est la limite qui sépare les travaux en remblais de ceux en déblais. On pourrait, par analogie avec les pôles d'un aimant, l'appeler la *ligne neutre*. En ce point, il n'y a évidemment ni remblai ni déblai à exécuter, et c'est sur cette ligne que sont situés les sommets des pyramides ou les arêtes des prismes, dont les bases sont sur l'un des deux profils.

Pour déterminer les points de passage, nous remarquerons que ces points peuvent être considérés comme *points intermédiaires*. Nous supposerons en outre, ce qui est admis, que la surface du terrain entre deux profils consécutifs est engendrée par une droite se mouvant parallèlement à elle-même et au plan vertical passant par l'axe du

tracé, en s'appuyant continuellement sur le péri-
mètre supérieur des deux profils.

Cela posé, soient c et c' (fig. 1, pl. 1), les cotes
rouges ou de nivellement aux points A et B, séparés
par une distance d. Si l'on veut obtenir la cote
intermédiaire c'', située à une distance d' de A, on
aura :

$$c'' - c : c' - c :: d' : d$$

d'où :

$$c'' = \frac{d'}{d} (c' - c) + c$$

on aurait aussi :

$$d' = d \frac{c'' - c}{c' - c}$$

soient maintenant M N la ligne du sol, A B la ligne
du projet (fig. 2), c et c' les cotes rouges séparées
par la distance d. Pour déterminer à quelle distance d' de c, aura lieu le point de passage o,
menons $m\ n$, parallèle à M N, nous aurons :

$$c : c + c' :: d' : d$$

d'où :

$$d' = \frac{c + d}{c + c'}$$

On aurait de la même manière d'' ou plus facilement :

$$d'' = d - d'$$

Nous allons maintenant indiquer les diverses
méthodes d'évaluation des déblais et remblais.

Détermination des déblais et remblais. — Cette
détermination est de la plus haute importance, et

si nous avons passé rapidement sur les méthodes de levé et de nivellement, comme étant plus particulièrement dans les attributions des ingénieurs et conducteurs de travaux, nous croyons, au contraire, devoir nous appesantir sur cette question que l'on résout quelquefois par des moyens expéditifs conduisant parfois à de graves écarts.

Plusieurs méthodes sont connues et appliquées pour déterminer les volumes des déblais et remblais.

L'indication graphique du projet est quelquefois mise à profit quand l'échelle de ce projet permet d'apprécier la valeur des cotes avec assez d'exactitude.

La division du solide compris entre deux profils, en solides droits à base géométrique, est une des méthodes les plus exactes, quand on a soin de déterminer la *ligne de passage* dans les cas qui peuvent se présenter et que nous examinerons ultérieurement.

La détermination par les *sections moyennes* donne un volume en excès sur le volume réel, pendant que la méthode par les *hauteurs moyennes*, donne un volume trop faible.

Enfin des tables ont été dressées, à diverses reprises, par l'administration des ponts-et-chaussées, et qui facilitent beaucoup la recherche des volumes, ainsi que celles de divers auteurs, tels que Pruss, Edward Hugues, etc.

Ces dernières tables sont d'un usage assez fréquent, et nous allons, sans trop nous y arrêter, indiquer la manière de s'en servir, et au besoin de les calculer.

Tables de Hugues. — Soit à déterminer le remblai entre deux profils A B C D, A'B'C'D', séparés par une distance l (fig. 3).

Supposons droites les lignes de terrain naturel A D, A'D'; si elles ne l'étaient pas, on pourrait toujours mener des droites de compensation.

Le volume du solide compris entre ces deux profils, est donné par la formule :

$$\frac{S + S' + 4s}{6} \, l$$

dans laquelle :

S + S' = la somme des surfaces des deux profils, s, la section droite équidistante $a\,b\,c\,d$.

En effet, le volume du prisme droit EFBCA'B'C'D' est égal à :

$$S' l = \frac{S' + S' + 4 S'}{6} \, l.$$

Le plan L M K, perpendiculaire à E F A'D divise le solide restant en deux prismes triangulaires, ayant pour base commune L M K. Le volume V d'un de ces prismes, celui de gauche, par exemple, est :

$$V = \frac{1}{3} \frac{l + KM}{2} (A M + F K + A' L)$$

qui peut s'écrire :

$$V = \frac{l}{6} \left[KM \left(\frac{A M + F K}{2} \right) + KM \left(\frac{A M + F K}{2} + A' L \right) \right]$$

Or, il est facile de voir que :

$$KM \left(\frac{A M + F K}{2} \right) = \text{surface A F K M}$$

et que :

$$KM \left(\frac{AM + FK}{2} + A'L \right) = 4 \text{ fois la surface } a\,CON$$

Le volume de l'autre prisme aurait une expression semblable ; de sorte qu'il est visible que le volume du prisme total, si on appelait S'' la surface AFED et S''' la surface $a\,GH\,d$, serait :

$$V = l\,\frac{S'' + 4S'''}{6}$$

Or si nous faisons :

$$S' + S'' = S$$
$$S' + S''' = S$$

le volume du solide considéré, sera bien exprimé par :

$$V = l \left(\frac{S + S' + 4s}{6} \right)$$

C'est le terme :

$$\frac{S + S' + 4s}{6}$$

qui est calculé dans les tables.

Il est évident que la formule est la même, quel que soit le profil, et bien que le solide considéré soit en remblai ou en déblai.

La méthode des *sections moyennes*, comparée à la précédente, donne, toutes choses égales, un volume en excès. Dans le cas considéré, le volume serait :

$$V = \frac{S + S'}{2}\,l$$

et en comparant cette égalité à la précédente ;

$$V = \frac{S + S' + 4s}{6} \, l$$

on trouverait qu'elle lui est supérieure d'une quantité égale au $\frac{1}{6}$ du carré de la différence des hauteurs sur l'axe, multiplié par le rapport de la base du talus à cette hauteur, le tout multiplié par la longueur l.

Sans développer les calculs qui conduisent à ce résultat, il est établi que pour obtenir le volume exact, il suffit de *retrancher* du volume obtenu par la méthode des *sections moyennes*, la quantité ci-dessus énoncée.

De même il nous suffira de savoir qu'en opérant par la méthode des *hauteurs moyennes*, il suffira d'*ajouter*, pour avoir le volume vrai, la *moitié* de la quantité qui se retrancherait dans le cas de la méthode précédente.

Le calcul par les *sections* moyennes se fait en multipliant la demi-somme des sections extrêmes par la longueur.

Dans la méthode des *hauteurs* moyennes, on fait la demi-somme des hauteurs extrêmes ; avec la hauteur moyenne ainsi obtenue, on détermine la surface que l'on multiplie par la longueur.

D'autres tables de Hugues, ont été dressées d'après la formule dite *des terrassements*,

$$V = \left[r \left(\frac{h^2 + h'^2 + 4m^2}{6} \right) + Bm \right] l$$

dans laquelle :

r est le rapport de la base du talus à sa hauteur ;

B est la largeur du couronnement ou plate-forme;

h et h' hauteurs aux extrémités ;

m hauteur de la section milieu.

La méthode exacte que nous venons d'indiquer et les deux autres approximatives se rapportent à des profils simples et réguliers dont toute la surface est un déblai ou un remblai.

Mais dans la généralité des cas, les profils considérés peuvent affecter des formes très irrégulières et avoir partie de leur surface en remblai, partie en déblai.

Nous allons, au point de vue de ce cas particulier, indiquer la méthode exacte d'évaluation et ensuite les diverses méthodes approximatives.

Considérons deux demi-profils A, B, fig. 4, séparés par une distance de 35 mètres, ayant leurs cotes de nivellement, le tracé du projet et les cotes rouges.

Par les angles rentrants ou saillants du terrain naturel ou du projet, ainsi que par leurs intersections, on mène des plans verticaux parallèles à l'axe du tracé. Ces plans divisent l'entre-profil en un certain nombre de solides dont il est possible de déterminer le volume. La distance entre ces divers plans est donnée, ou par le profil lui-même, ou par le tracé du projet, ou, quand il y a *passage*, comme dans le cas qui nous occupe, par la formule :

$$d' = \frac{d + c}{c + c'} \text{ (page 17)}$$

et celle :

$$d' = d\, \frac{c'' - c}{c' - c}$$

pour les points intermédiaires.

La seule inspection des profils montre qu'il doit y avoir intersection du terrain avec la ligne de projet. On détermine cette intersection ou ligne de passage, *iklmno* et *pqr*, comme nous l'avons indiqué plus haut ; après quoi on procède aux calculs que l'on prépare, au fur et à mesure, sur un tableau dont le modèle est ci-après.

Tableau des calculs des déblais et remblais

Profils comprenant les solides.	Indication des solides.	Bases ou profils des solides.			Longueur des solides.	Cubes en		OBSERVATIONS.
		largeur.	hauteur.	surface.		déblai.	remblai.	
		m.	m.	m.	m. c.	m. c.	m. c.	
1.	Pyramide *a*..	1.75	0.84	1.47	10.54	15.49		Nature du sol, etc.
	Pyramide *a'*.	0.75	0.09	0.07	1.13	»	0.08	
	Trapèze *b*.....	0.50	1.67	0.84	15.20	12.09		
	Trapèze *b'*....	0.50	0.26	0.13	2.30	»	0.30	
	Trapèze *c*	0.45	1.43	0.64	13.57	8.73		
	Trapèze *c'*....	0.45	0.38	0.17	3.93	»	0.67	
	Trapèze *d*	0.70	1.17	0.82	13.46	11.00		
	Trapèze *d'*....	0.70	0.34	0.24	4.04	»	0.96	
	Trapèze *e*.....	0.95	0.92	0.88	15.94	14.63		
	Pyramide *e'*.	0.95	0.13	0.12	2.08	»	0.25	
	Rectangle *f*..	1.35	0.26	0.35	35.00	12.29		
	Trapèze *g*	1.70	0.58	0.99	12.99	12.81		
	Pyramide *g'*.	1.70	0.43	0.73	6.01	»	4.39	
	Trapèze *h*	1.30	0.70	0.91	6.74	6.13		
	Trapèze *h'* ...	1.30	1.18	1.53	10.76	»	16.51	
2.	TOTAUX.					93.17	23.16	

Après avoir affecté à chaque solide une lettre, on

l'inscrit dans la 2ᵉ colonne et on détermine de la manière suivante toutes ses dimensions.

Considérons le solide *a*. C'est une pyramide dont la base est *stu* et la hauteur *u*K, résultant du calcul du point de passage K. On peut admettre sans erreur sensible que le triangle *stu* est rectangle dont la base 1.750 (à inscrire à la 3ᵉ colonne) multipliée par la *demi-hauteur* 0ᵐ84 (à inscrire à la 4ᵉ colonne), donne pour surface 1ᵐ47 (inscrite à la 5ᵉ colonne). Cette surface, multipliée par le *tiers* de *u*K ou :

$$\frac{31.05}{3} = 10^{m}35$$

(à inscrire à la 6ᵉ colonne), donne pour volume de la pyramide 15ᵐᶜ49, que l'on inscrira à la 7ᵉ colonne dite des déblais.

On opérerait de la même manière pour les autres pyramides, soit qu'elles soient en déblai ou en remblai.

Considérons maintenant le solide *b*. C'est un prisme à base trapézoïdale dont l'arête, inclinée sur cette base, est *kl*. La hauteur moyenne de ce prisme sera donc :

$$\frac{uk + vl}{2}$$

la surface de sa base :

$$\frac{1.68 + 1.66}{2} \times 0.50$$

et son volume, la *moitié* de celui du prisme ayant cette base et cette hauteur.

On opérerait de même pour les autres solides, en ayant soin de mettre dans la colonne des déblais ceux qui sont en déblai, et dans la colonne des remblais ceux qui sont en remblai.

Pour terminer l'étude complète de l'exemple choisi, nous considérerons le solide f, le seul dans le demi entre-profil qui soit tout en remblai. C'est un prisme droit à bases triangulaires inégales. Pour avoir exactement son volume, il conviendrait de le décomposer en deux pyramides triangulaires en menant le plan op'. Mais il suffit de faire la moyenne des deux bases et de multiplier par la longueur 35 mètres.

Si ces bases, au lieu d'être triangulaires, étaient trapézoïdales, on déterminerait directement leur moyenne par la formule :

$$B \frac{a+b+c+d}{4}$$

B étant la hauteur du trapèze ou écartement des deux plans parallèles, et $abcd$ les cotes rouges des deux bases.

Si l'une des bases étant un trapèze, l'autre était un triangle, la moyenne s'obtiendrait également d'une manière directe par la formule :

$$B \frac{a+b+c}{4}$$

Nous voyons donc que dans n'importe quel cas et quelle que soit la configuration des profils, il sera toujours possible de déterminer le volume des déblais et remblais compris entre deux profils consécutifs.

Terrassier. — Tome 1.   2

Cependant cette méthode exacte étant aussi très
laborieuse, à moins qu'il ne s'agisse de déblais
très chers, comme ceux dans le roc ou de volumes
considérables, on a recours de préférence à la
méthode des sections moyennes que nous avons
précédemment indiquée et que nous allons appliquer à l'exemple choisi, en considérant les divers
cas qui peuvent se présenter.

Méthode expéditive. — 1° L'entre-profil étant
complètement en déblai, le volume D, en appelant
S et *s* les surfaces des profils séparés par une distance *d*, sera :

$$D = \frac{S + s}{2} \, d$$

Si l'entre-profil était complètement en remblai,
on aurait pour le volume R :

$$R = \frac{S + s}{2} \, d$$

2° Dans le cas où l'un des profils serait complètement en déblai, et l'autre complètement en remblai,
on déterminerait la *ligne de passage* proportionnellement aux deux surfaces des profils, afin d'avoir
la hauteur de chacun des solides résultants que
l'on pourrait considérer comme des prismes à base
rectangulaire opposée à une arête, et dont le
volume, comme nous venons de le voir pour le
prisme *b*, est la moitié du prisme droit de même
base et de même hauteur.

Ainsi l'on aurait successivement :

$$d' = \frac{d + S}{S + 1}$$

$$d'' = d - d'$$

$$D = \frac{S + d'}{2}$$

$$R = \frac{1 + d''}{2}$$

3° Lorsque l'un des profils étant complètement en déblai ou en remblai, l'autre en partie en déblai, partie en remblai, par le point de rencontre du déblai et du remblai dans ce dernier profil, on mène un plan parallèle à l'axe, ce qui a pour effet de ramener le cas aux deux précédents que nous venons d'examiner.

4° Si les profils étaient tous deux partie en remblai et partie en déblai, correspondantes toutefois, en divisant par un plan parallèle à l'axe les deux profils par leurs points de rencontre, on retombe dans le premier cas.

5° Enfin, il peut arriver, comme dans l'exemple qui nous occupe, que chacun des profils soit partie en déblai, partie en remblai, sans que les remblais et déblais se correspondent. Dans ce cas, et sans mener aucun plan, on fait la surface du déblai s dans le profil A. On fait la surface du remblai S dans le profil B, et on opère comme dans le second cas, comme s'il s'agissait de deux profils séparés correspondants. On fait la même opération pour la surface en remblai S' du profil A et la surface en déblai s' du profil B.

Toutes les opérations des divers cas sont méthodiquement consignées dans un tableau, dont le modèle est ci-après, afin de mieux fixer, dans l'esprit du lecteur, la manière d'appliquer les indications données.

Profils comprenant les solides.	Indication des solides.	Bases ou profils des solides.			Longueurs réduites.	Cubes en		OBSERVATIONS.
		largeurs partielles.	hauteur.	surfaces.		déblai.	remblai.	
1.	De s à S.	m. 1.75 0.50 0.45 0.70 2.30	m. 0.84 1.67 1.43 1.17 0.58	m. q. 1.47 0.84 0.64 0.82 1.33	m.	m. c.	m. c.	Nature du terrain, etc.
		Surface en déblai s.		5.40	15.31	78.08		
		1.70 1.65	0.22 0.22	0.37 0.36				
		Surface en remblai S.		0.73	2.19		1.60	
	De S' en s'.	3.00	0.75	2.25				
		Surface en remblai s'.		2.25	8.99		20.23	
		0.35 1.30	0.40 0.70	1.22 0.91				
		Surface en déblai s'.		2.13	8.51	18.13		
	TOTAUX					96.21	21.83	

Nous choisirons le cinquième cas, se rapportant aux profils A et B, considérant tout d'abord, comme nous l'avons dit, les surfaces s et S, inscrites dans la colonne d'indication des solides.

Pour faire l'aire de ces surfaces, on les divisera comme précédemment, en figures géométriques, triangles, trapèzes ou rectangles, ce qui permet de déterminer les largeurs de chacune de ces figures et de les écrire dans la troisième colonne du tableau. On détermine ensuite la hauteur moyenne de chaque figure que l'on écrit vis-à-vis sa largeur, en face et dans la quatrième colonne. Enfin, on en fait la surface que l'on écrit dans la cinquième colonne. La somme de toutes ces surfaces partielles multipliée par la longueur réduite correspondante et inscrite dans la sixième colonne, donne le volume de déblai que l'on écrit dans la colonne du cube en déblai.

La marche à suivre est la même pour arriver à déterminer le remblai correspondant à la surface en remblai S du profil B, et que l'on écrit dans la colonne du cube en remblai.

Mêmes opérations pour les surfaces S' et s' des deux profils.

La détermination des longueurs réduites s'obtient en appliquant la formule de la ligne de passage :

$$d' = \frac{d + c}{c + c'}$$

soit actuellement :

$$d' = \frac{35 + 5.10}{5.10 + 0.73} = 30.62$$

2.

hauteur qu'il faut réduire de moitié avant de l'inscrire au tableau.

Pour avoir la hauteur réduite correspondante à
s, on aurait :

$$d'' = d - d' = 35 - 30,62 = 4.38$$

dont la moitié 2.19 est inscrite au tableau.

L'inspection de ce même tableau fera connaître
toutes les opérations qui s'y rapportent.

Méthode approximative pour avant-projets.
— Cette méthode consiste à faire la somme des
surfaces qui sont en déblai dans les deux profils,
et à la multiplier par la demi-distance des profils.
De même pour la somme des surfaces en remblai.
— Cette méthode donne un volume en excès dans
les entre-profils où il y a des lignes de passage.

Cette méthode est rendue encore plus expéditive,
lorsque, les profils étant exécutés à une échelle
exacte et un peu grande, on peut prendre la valeur
des cotes à l'échelle, ce qui évite des calculs assez
longs.

Dans les courbes, du tracé desquelles nous allons
bientôt nous occuper, la marche à suivre est la
même. Il faut tenir compte seulement du développement de l'arc concentrique aux points considérés (1).

_____

(1) Les considérations qui précèdent se retrouvent dans
l'excellent formulaire de M. Claudel.

CHAPITRE IV

Distances de transport. — Foisonnement

Après la détermination du déblai et du remblai total, et de leur excès l'un sur l'autre, il convient de déterminer à quelles distances moyennes il faudra *transporter* les déblais excédants ou *emprunter* le déficit du remblai.

L'évaluation des distances moyennes de transport, pour les déblais excédants, s'obtient par un tracé graphique résultant des données des tableaux que nous venons d'indiquer.

Soit trois profils A. B. C. (fig. 5).

A ayant une surface en déblai $s = 15.50$

et une surface en remblai $S = 8.46$

B ayant une surface en déblai $s' = 7.40$

et une surface en remblai $S' = 3.50$

C ayant une surface toute en remblai $S'' + S''' = 3^m 62 + 10.40$.

Sur une ligne indéfinie A B, on élève des perpendiculaires aux points abc éloignés proportionnellement aux distances A B $= 30^m 00$, B C $= 50^m 00$.

Sur la perpendiculaire au point a et en dessus de la ligne A B, on porte à une échelle déterminée une longueur ad proportionnelle à la surface s. En dessous de la ligne M N et sur cette même perpendiculaire, on porte à la même échelle une quantité proportionnelle à la surface S.

Sur la perpendiculaire élevée au point b et en dessus, on porte bf proportionnel à s', et en dessous, bg proportionnel à S'.

Il est inutile de démontrer que si nous joignons d à f, e à g, le trapèze $abfd$ représentera le déblai compris entre A et B, et le trapèze $abge$ représentera le remblai entre ces mêmes profils. Si maintenant on élève au point c une perpendiculaire ci proportionnelle à $S'' = 3^m62$ et que l'on mène fi, le point k représentera le point de passage du remblai au déblai dans l'entre-profil BC, fbk représentant le déblai, kci le remblai. De même si sur ci et à partir du point c, nous portons ch proportionnel à $S''' = 10.40$ et menons gh, l'aire du trapèze $bchg$ représentera le remblai de l'entre-profil BC d'un même côté de l'axe, et si à ce trapèze nous ajoutons le triangle $hk'l$ équivalent au triangle superposé kci, la figure $bclk'g$ représentera le remblai total compris entre B et C.

Cela posé, procédons d'abord par compensation. Le déblai $abmn$ sera pris dans le trapèze $abfd$ pour compenser le remblai $abge$.

Le déblai bkf compensera le remblai représenté par la figure égale bko ou son équivalente $bko'g$.

La compensation s'arrête là et il reste un excédant de déblai entre A et B représenté par la figure $mnfd$ et qu'il faut transporter, entre les profils B et C, sur la partie en remblai indiquée par la figure $kclk'o'$

Si nous remplacions chaque lettre par sa valeur et si nous résolvions, on trouverait, pour le déblai en excès entre A et B, $164^{mc}10$, et pour le remblai restant à faire entre B et C, 253^m22.

Il resterait donc un excès de remblai égal à $233.22 - 164.10 = 89^{mc}12$, dont il faudra déterminer l'aire correspondante $rclq$.

Or, remarquons que connaissant $bg = 3.50$, $ch = 10,40$ et $bk = 33.57$, ainsi que $kc = 16.43$, il est facile de trouver $kk' = 8^m13$.

En outre, si r devait être en c, on aurait $rq = cl$, ou $rq = kk'$ si r était en k. Donc, pour un avancement $ck = 16.43$, rq a diminué de $cl\text{-}ch = 14.02 - 8.13 = 5.89$ ou 0^m36 par mètre courant.

On aurait donc l'égalité :

$$89^{mc}12 = rc \; \frac{14,02 + [\, 14,02 - (rc + 0,36)\,]}{2}$$

dont le second membre représente l'aire du trapèze $rclq$, la valeur de rc; mais on peut plus rapidement l'obtenir par tâtonnement, en remplaçant tout de suite rc par une valeur approximative et résolvant. On trouverait $rc = 6.94$.

La question se trouve ainsi ramenée à celle-ci : Quelle est la distance entre le centre de gravité du trapèze $mnfd$ et celui du pentagone $krqk'o$?

La distance du centre de gravité E du trapèze $mnfd$ à la ligne bf peut s'obtenir en décomposant ce trapèze en deux triangles ou directement par la formule :

$$Ef = \frac{ab\,(nf + 2\,md)}{3\,(nf + md)}$$

Laquelle, résolue numériquement, donne :

$$Ef = 16^m43$$

De même la distance H'T du centre de gravité

du trapèze $krqk'$ à la ligne kk', s'obtient par la formule :

$$H'T = \frac{kr\,(kk' + 2\,rq)}{3\,(kk' + rq)} = 5^m$$

La distance du centre de gravité L du triangle kko' à la ligne kk' est égale au $\frac{1}{3}$ de la hauteur de ce triangle. Or, la base de ce triangle est 8^m13. En déduisant de $bgkk'$ le triangle bkf, on trouverait pour la surface du triangle $kk'o'$, 71.17, et sa hauteur serait :

$$\frac{71.17}{4.065} = 17.51$$

dont le tiers :

$$LT = 5.84$$

Pour déterminer la position du centre de gravité P du pentagone $krqk'o'$, on remarquera que sa distance aux centres L et H' sera inversement proportionnelle aux surfaces du triangle $kk'o'$ et du trapèze $krqk'$. On aura donc :

$$H'P + PL : H'P :: 71.17 + 92,93 : 71.17$$

d'où :

$$H'P = \frac{10.84 \times 71.17}{71.17 + 92.93} = 4.70$$

Or, nous avions trouvé $H'T = 5^m00$, donc :

$$H'T - H'P \text{ ou } PT = 0,30$$

La distance entre le centre de gravité E et celui P sera donc :

$$E f' + b k + T P = 16.43 + 33.57 + 0,30 = 50^{m}30$$

Il est à remarquer que cette distance est calculée parallèlement à l'axe de la voie.

Rigoureusement, il y aurait lieu de calculer la distance oblique E P qui serait l'hypothénuse d'un triangle rectangle facile à déterminer.

Dans bien des cas de la pratique, il est inutile de tracer le tableau graphique que nous venons de discuter. L'étude raisonnée des tableaux que nous avons décrits et dont il émane, combinée avec l'examen attentif des profils exécutés à une échelle convenable, dispense de ce tracé et conduit à une évaluation suffisamment approchée des distances de transport.

Dans la balance qu'il s'agit d'établir entre les déblais et les remblais, il y a lieu de tenir compte du foisonnement ou renflement des terres.

Ce foisonnement peut être considéré comme nul dans les fouilles peu profondes avec des terres légères, mais avec des terres fortes où le roc domine et pour des fouilles profondes, il peut s'élever jusqu'à 1/10 et même à 1/6 du cube total.

Nous terminerons en mentionnant une méthode pratique de *cubage* que nous avons vu appliquer. On a quelquefois à faire des recurements de canaux, des terres à emprunter dans des *caissées*, etc., sans qu'il ait été fait d'estimation préalable du cube des terres ni de nivellement. On laisse, en pareil cas, ce qu'on appelle des *témoins* disséminés régulièrement le long du recoupement ou au milieu de l'emprunt et à des endroits *moyens*. Au moment de l'achèvement des travaux, on relève contradic=

toirement les profils de ces témoins ou leur hauteur, et en moyennant les diverses cotes, on détermine rapidement le cube extrait.

Il importe, en pareil cas, de se tenir en garde contre certains procédés employés par quelques sous-tâcherons heureusement fort rares. Ces procédés consistent dans le creusement du plafond du canal ou de la caissée à l'endroit du témoin, principalement quand ce plafond est noyé par une couche d'eau, ainsi que dans la surélévation factice de ce même témoin. Cette surélévation est exécutée avec une si grande habileté qu'il faut être prévenu contre une telle surprise pour ne pas en être dupe. Il suffit, pour empêcher de telles fraudes, d'y veiller avec attention et d'avoir des repères fixes, tels que radiers, couronnements, gros arbres, etc.

CHAPITRE V

Tracés des courbes de raccordement

——

Nous avons sommairement passé en revue les méthodes préliminaires mais indispensables, pour le lever, le nivellement, le calcul des déblais et remblais, l'évaluation des distances de transport.

Il nous reste, pour compléter l'étude d'une ligne, à indiquer les moyens de raccordement entre deux alignements droits.

Plusieurs méthodes permettent de raccorder par une courbe circulaire, deux alignements faisant entre eux un angle quelconque. Parmi celles que nous donnons, il en est qui ne doivent être employées que dans certains cas particuliers selon que l'on aura besoin de plus ou moins d'exactitude, et suivant les facilités d'opération que l'on aura.

I. Soit à tracer sur le terrain une courbe de 100 mètres de rayon tangente à deux alignements droits venant se rencontrer en A (fig. 6).

On détermine en ce point, à l'aide du graphomètre ou de l'équerre, l'angle formé par ces deux alignements, et par suite l'angle supplémentaire B A X.

Il s'agit ensuite de déterminer les points de contact B et C et la longueur des tangentes A B, A C.

Or, dans le triangle rectangle O A C, on connaît R et l'angle au centre α, mesuré par le demi-arc em-

brassé par les tangentes. On sait que l'angle ex-
circonscrit B A X a pour mesure le petit arc C B.
L'angle au centre α est donc égal à la *moitié* de cet
angle, et on peut résoudre le triangle rectangle O C A.
Trigonométriquement, on aura :

$$A B = A C = R \; tang \; \alpha$$

Pour avoir d'autres points de la courbe, on divise
l'une des tangentes en un certain nombre de parties égales. Il est visible, sur la figure, que les distances a B, a' B, a'' B..... respectivement égales aux
parallèles $c b, c' b', c'' b''$..... représentent les sinus
des arcs c B, c' B, c'' B..... Les tables donnent en regard de ces sinus, les cosinus correspondants O b,
O b', O b''.....; et par leur soustraction successive du
rayon, on détermine les ordonnées $a c, a' c', a'' c''$...,
et par suite les points c, c', c''....., de la courbe. On
reproduirait, de l'autre côté de l'axe, la même opération.

Nous donnons ci-après un tableau, dans lequel,
étant donnés le rayon d'une courbe et des tangentes
successives à cette courbe, on trouve en regard les
ordonnées correspondantes :

TABLE DES TANGENTES ET DES ORDONNÉES

exprimées en raison du rayon de la courbe.

RAYON	TANGENTES	ORDONNÉES	TANGENTES	ORDONNÉES	TANGENTES	ORDONNÉES	TANGENTES	ORDONNÉES
100	1.00	0.0050	2.00	0.0200	3.00	0.0450	4 00	0.0800
200	2.00	0.0100	4.00	0.0400	6.00	0.0900	8.00	0.1600
250	2.50	0.0125	5.00	0.0500	7.50	0.1125	10.00	0.2000
275	2.75	0.0137	5.50	0.0550	8.25	0.1237	11.00	0.2200
300	3.00	0.0150	6.00	0.0600	9.00	0.1350	12.00	0.2400
350	3.50	0.0175	7.00	0.0700	10.50	0.1575	14.00	0.2800
375	3.75	0.0187	7.50	0.0750	11.25	0.1687	15.00	0.3000
400	4.00	0.0200	8.00	0.0800	12.00	0.1800	16.00	0.3200
450	4.50	0.0225	9.00	0.0900	13.50	0.2025	18.00	0.3600
500	5.00	0.0250	10.00	0.1000	15.00	0.2250	20.00	0.4000
550	5.50	0.0275	11.00	0.1100	16.50	0.2475	22.00	0.4400
600	6.00	0.0300	12.00	0.1200	18.00	0.2700	24.00	0.4800
650	6.50	0.0325	13.00	0.1300	19.50	0.2925	26.00	0.5200
700	7.00	0.0350	14.00	0.1400	21.00	0.3150	28.00	0.5600
750	7.50	0.0375	15.00	0.1500	22.50	0.3375	30.00	0.6000
800	8.00	0.0400	16.00	0.1600	24.00	0.3600	32.00	0.6400
850	8.50	0.0425	17.00	0.1700	25.50	0.3825	34.00	0.6800
900	9.00	0.0450	18.00	0.1800	27.00	0.4050	36.00	0.7200
950	9.50	0.0475	19.00	0.1900	28.50	0.4275	38.00	0.7600
1000	10.00	0.0500	20.00	0.2000	30.00	0.4500	40 00	0.8000
1150	11.50	0.0575	23.00	0.2300	34.50	0.5175	46.00	0.9200
1500	15.00	0.0750	30.00	0.3000	45.00	0.6750	60.00	1.2000
1550	15.50	0.0775	31.00	0.3100	46.50	0.6975	62.00	1.2400
2000	20.00	0.1000	40.00	0.4000	60.00	0.9000	80.00	1.6000
2500	25.00	0.1250	50.00	0.5000	75.00	1.1250	100.00	2.0000
3000	30.00	0.1500	60.00	0.6000	90.00	1.3500	120.00	2.4000

TABLE DES TANGENTES ET DES ORDONNÉES

(Suite)

RAYON	TANGENTES	ORDONNÉES	TANGENTES	ORDONNÉES	TANGENTES	ORDONNÉES
100	5.00	0.1250	6.00	0.1800	7.00	0.2440
200	10.00	0.2500	12.00	0.3600	14.00	0.4880
250	12.50	0.3125	15.00	0.4500	17.50	0.6100
275	13.75	0.3437	16.50	0.4950	19.25	0.6710
300	15.00	0.3750	18.00	0.5400	21.00	0.7320
350	17.50	0.4375	21.00	0.6300	24.50	0.8540
375	18.75	0.4687	22.50	0.6750	26.25	0.9150
400	20.00	0.5000	24.00	0.7200	28.00	0.9760
450	22.50	0.5625	27.00	0.8100	31.50	1.0980
500	25.00	0.6250	30.00	0.9000	35.00	1.2200
550	27.50	0.6875	33.00	0.9900	38.50	1.3520
600	30.00	0.7500	36.00	1.0800	42.00	1.4840
650	32.50	0.8125	39.00	1.1780	45.50	1.5960
700	35.00	0.8750	42.00	1.2600	49.00	1.7080
750	37.50	0.9375	45.00	1.3500	52.50	1.8300
800	40.00	1.0000	48.00	1.4400	56.00	1.9520
850	42.50	1.0625	51.00	1.5300	59.50	2.0740
900	45.00	1.1250	54.00	1.6200	63.00	2.1960
950	47.50	1.1875	57.00	1.7100	66.50	2.3180
1000	50.00	1.2500	60.00	1.8000	70.00	2.4400
1150	57.50	1.4375	69.00	2.0700	80.50	2.8060
1500	75.00	1.8750	90.00	2.7000	105.00	3.6600
1550	77.50	1.9375	93.00	2.7900	108.50	3.7820
2000	100.00	2.5000	120.00	3.6000	140.00	4.8800
2500	125.00	2.9000	150.00	4.5000	175 00	6.1000
3000	150.00	3.7500	180.00	5.4000	210.00	7.3200

TABLE DES TANGENTES ET DES ORDONNÉES

(Suite)

RAYON	TANGENTES	ORDONNÉES	TANGENTES	ORDONNÉES	TANGENTES	ORDONNÉES
100	8.00	0.3190	9.00	0.4030	10.00	0.4970
200	16.00	0.6380	18.00	0.8060	20.00	0.9940
250	20.00	0.7975	22.50	1.0075	25.00	1.2425
275	22.00	0.8772	24.75	1.1082	27.50	1.3667
300	24.00	0.9570	27.00	1.2090	30.00	1.4910
350	28.00	1.1165	31.50	1.4105	35.00	1.7395
375	30.00	1.1962	33.75	1.5112	37.50	1.8637
400	32.00	1.2760	36.00	1.6120	40.00	1.9880
450	36.00	1.4355	40.50	1.8135	45.00	2.2365
500	40.00	1.5950	45.00	2.0150	50.00	2.4850
550	44.00	1.7545	49.50	2.2165	55.00	2.7335
600	48.00	1.9140	54.00	2.4180	60.00	2.9820
650	52.00	2.0735	58.50	2.6195	65.00	3.2305
700	56.00	2.2330	63.00	2.8210	70.00	3.4790
750	60.00	2.3925	67.50	3.0225	75.00	3.7275
800	64.00	2.5520	72.00	3.2240	80.00	3.9760
850	68.00	2.7115	76.50	3.4255	85.00	4.2245
900	72.00	2.8710	81.00	3.6270	90.00	4.4720
950	76.00	3.0305	85.50	3.8285	95.00	4.7215
1000	80.00	3.1900	90.00	4.0300	100.00	4.9700
1150	92.00	3.6685	103.50	4.6345	115.00	5.7155
1500	120.00	4.7850	135.00	6.0450	150.00	7.4550
1550	124.00	4.9445	139.50	6.2465	155.00	7.7035
2000	160.00	6.3800	180.00	8.0600	200.00	9.9400
2500	200.00	7.9750	225.00	10.0750	250.00	12.4250
3000	240.00	9.5700	270.00	12.0900	300.00	14.9100

II. Cette méthode donne des résultats très exacts. Nous devons toutefois faire remarquer que l'on peut déterminer autant de points de l'arc que l'on voudra, autrement que par les tables trigonométriques, quand on connaîtra les tangentes A B, A C, leur angle et le rayon R.

En effet, si nous considérons la tangente aB, et l'ordonnée ac ou bB, nous aurons :

$$c\,b^2 = (2\,\mathrm{R} - b\,\mathrm{B})\,b\,\mathrm{B} = 2\,\mathrm{R} \times b\,\mathrm{B} - \overline{b\,\mathrm{B}}^2$$

$$b\,\mathrm{B} = \mathrm{R} - \sqrt{\mathrm{R}^2 - c\,\overline{\mathrm{B}}^2}$$

ou, appelant o l'ordonnée bB, et T la tangente cB,

$$o = \mathrm{R} - \sqrt{\mathrm{R}^2 - \mathrm{T}^2}$$

pour une autre ordonnée o', on aurait :

$$o' = \mathrm{R} - \sqrt{\mathrm{R}^2 - \mathrm{T}^2}$$

et ainsi de suite.

Mais si nous considérons une circonférence d'un rayon égal à l'unité, et que nous cherchions la valeur de la tangente t, homologue et de son ordonnée o, nous aurons, d'une part :

$$o = 1 - \sqrt{1 - t^2}$$

d'autre part :

$$t : \mathrm{T} :: 1 : \mathrm{R}$$
$$o : \mathrm{O} :: 1 : \mathrm{R}$$

d'où :

$$\mathrm{T} = t + \mathrm{R}$$
$$\mathrm{O} = o + \mathrm{R}$$

De sorte qu'en déterminant les tangentes t, et les

ordonnées *o*, d'un arc d'un rayon égal à l'unité, on aura par une suite de multiplications les tangentes et les ordonnées d'un arc de cercle de rayon quelconque.

A l'aide de la table suivante, et en préparant son tracé préalablement sur le papier où il aura soin d'indiquer les tangentes et les ordonnées calculées, l'opérateur tracera rapidement sa courbe sur le terrain, à l'aide de l'équerre et de la chaîne.

Valeur des tangentes depuis 0,01 jusqu'à 1ᵐ00, avec les ordonnées correspondantes, le rayon pris pour unité

TANGENTE	ORDONNÉE	TANGENTE	ORDONNÉE	TANGENTE	ORDONNÉE	TANGENTE	ORDONNÉE	TANGENTE	ORDONNÉE
1	0	1	0	1	0	1	0	1	0
0.01	0.0001	0.21	0.0223	0.41	0.0879	0.61	0.2074	0.81	0.4130
0.02	0.0002	0.22	0.0245	0.42	0.0925	0.62	0.2154	0.82	0.4274
0.03	0.0005	0.23	0.0263	0.43	0.0972	0.63	0.2234	0.83	0.4422
0.04	0.0008	0.24	0.0293	0.44	0.1020	0.64	0.2316	0.84	0.4575
0.05	0.0013	0.25	0.0318	0.45	0.1070	0.65	0.2400	0.85	0.4732
0.06	0.0018	0.26	0.0343	0.46	0.1121	0.66	0.2488	0.86	0.4897
0.07	0.0025	0.27	0.0373	0.47	0.1174	0.67	0.2576	0.87	0.5070
0.08	0.0032	0.28	0.0400	0.48	0.1228	0.68	0.2668	0.88	0.5250
0.09	0.0040	0.29	0.0430	0.49	0.1283	0.69	0.2762	0.89	0.5444
0.10	0.0050	0.30	0.0461	0.50	0.1340	0.70	0.2859	0.90	0.5611
0.11	0.0061	0.31	0.0493	0.51	0.1398	0.71	0.2958	0.91	0.5854
0.12	0.0072	0.32	0.0526	0.52	0.1458	0.72	0.3060	0.92	0.6081
0.13	0.0085	0.33	0.0561	0.53	0.1520	0.73	0.3166	0.93	0.6324
0.14	0.0099	0.34	0.0596	0.54	0.1584	0.74	0.3274	0.94	0.6588
0.15	0.0113	0.35	0.0634	0.55	0.1648	0.75	0.3386	0.95	0.6878
0.16	0.0129	0.36	0.0671	0.56	0.1715	0.76	0.3500	0.96	0.7200
0.17	0.0145	0.37	0.0710	0.57	0.1784	0.77	0.3620	0.97	0.7509
0.18	0.0165	0.38	0.0750	0.58	0.1855	0.78	0.3742	0.98	0.8010
0.19	0.0182	0.39	0.0792	0.59	0.1926	0.79	0.3859	0.99	0.8989
0.20	0.0202	0.40	0.0835	0.60	0.2000	0.80	0.4000	1.00	1.0000

III. Il arrive souvent qu'on est obligé de tracer d'une manière plus expéditive des courbes sur le terrain.

Cela a lieu lorsqu'on fait des études préparatoires d'un tracé, et que n'ayant qu'un alignement on est obligé de tracer une courbe en marchant en avant.

On a recours alors à la méthode des sécantes successives.

Cette méthode peut donner quelques erreurs, si la courbe doit avoir quelque développement, et nous ne saurions mieux la comparer qu'à l'opération qui consisterait à compter sur le terrain une longueur de 100 mètres, mètre par mètre.

Malgré l'attention qu'on y porterait, malgré la perfection des instruments, on n'arriverait pas aussi exactement que si on employait une mesure de 20 mètres de longueur.

En effet, comme on le verra, la même opération se reproduisant successivement, les erreurs, pour si petites qu'elles soient, peuvent s'ajouter et conduire, suivant qu'elles s'ajoutent dans un sens ou dans l'autre, à une courbe plus ouverte ou plus fermée.

Soit l'alignement x A (fig. 7), et supposons qu'au point A, on veuille donner naissance à une courbe de 100 mètres de rayon.

Sur le prolongement de x A, on mesurera arbitrairement une longueur A C. On élèvera en C une perpendiculaire à la direction x A.

Pour déterminer le premier point i de la courbe, on calculera C i, comme nous venons de l'indiquer, ou simplement par la table (page 39). On joindra A i, et sur son prolongement on prendra i D $=$ A C, élevant en D une perpendiculaire. Cette perpendi-

culaire rencontre l'arc en un point B, tel que l'on
aura $i\,\mathrm{B} = i\,\mathrm{A}$.

Remarquons maintenant que l'angle déterminé
$\mathrm{C\,A}\,i$, a pour mesure la moitié de l'arc $\mathrm{A}\,i$, compris
entre ses deux côtés. L'angle au centre α, qui a pour
mesure ce même arc tout entier, est donc double
de $\mathrm{C\,A}\,i$. Mais on voit que lorsque le triangle $\mathrm{D}\,i\,\mathrm{B}$
pourra être déterminé, l'angle de $\mathrm{D}\,i\,\mathrm{B}$ sera le double de $\mathrm{C\,A}\,i$, et égal, par suite, à l'angle α.

Une parallèle menée à $i\,\mathrm{B}$ par le point A, montre
que l'arc compris serait double de $i\,\mathrm{B}$. On peut
donc résoudre le triangle restant $i\,\mathrm{D\,B}$, déterminer
le point B, et ainsi de suite, en reproduisant successivement la même opération, c'est-à-dire, en
portant $\mathrm{B\,F} = i\,\mathrm{D}$ et $\mathrm{F\,E} = \mathrm{D\,B}$.

Si, connaissant les tangentes $\mathrm{A\,B}$, $\mathrm{A\,C}$, on voulait
connaître le rayon R, on aurait :

$$\mathrm{R} = \mathrm{A\,B}\ \text{tang}\ \frac{1}{2}\,\mathrm{A}$$

IV. Une autre méthode, dite des *sécantes*, offre de
l'analogie avec la précédente. Sur le prolongement
de $\mathrm{A}\,y$ (fig. 8), on prend $\mathrm{A\,C}$. Si nous supposons
que l'on joigne C à O, on pourra résoudre le trian-
gle $\mathrm{C\,A\,O}$, et déterminer $\mathrm{C}\,i$, en se fondant sur cette
propriété que la tangente est moyenne proportion-
nelle entre la sécante entière et sa partie extérieure.

Nous aurons donc :

$$\mathrm{C}\,i = \frac{\mathrm{A\,C^2}}{\mathrm{C\,O}}$$

et on aura le point i, en construisant l'angle $\mathrm{A\,C}\,i$,
soit sur le terrain, soit sur un gabarit.

3.

Joignant Ai et prolongeant de iB $=$ A C, il est facile de voir que, en prenant sur BO, B$n =$ à 2 Ci, le point n appartiendra à la courbe.

En effet, menant par le milieu m, de l'arc Ai, deux parallèles à iB et in, l'angle résultant est égal à l'angle correspondant Bin, et double de l'angle C Ai qui a pour mesure la moitié de l'arc Ai, tandis que l'angle Bin a pour mesure la moitié de l'arc double inm'. Donc Ai étant égal à in, Bn devra nécessairement être double de Ci, et n appartenir à la courbe.

Cela posé, il n'y a qu'à reproduire cette construction successivement pour avoir autant de points de la courbe qu'il est nécessaire.

Ce procédé, comme on le voit, a les inconvénients du précédent. Il est d'autant plus exact que A C est plus petit par rapport au rayon. Généralement on fait A C égal à :

5^m pour rayons de 50 à 200 mètres.
10^m — 200 à 750 —
et 20^m au-dessus.

V. *Tracé par les ordonnées sur la corde.* — Le cas peut se présenter où il serait commode de tracer la courbe par des ordonnées sur la corde (fig. 9). Cette corde peut être déterminée en fonction du rayon, soit par la formule :

$$CB = R \times \cos \frac{1}{2} A$$

soit en vertu de la propriété de la demi-corde, qui est moyenne proportionnelle entre les deux parties du diamètre.

Cette même propriété permet de calculer la flèche f, par la formule :

$$f = R - \sqrt{R^2 - c^2}$$

en appelant c la moitié de la corde C B.

Cette flèche une fois déterminée, on aura toutes les autres, puis, soit par la méthode que nous avons indiquée, soit par les tables, on aura les ordonnées sur la tangente mn, et en retranchant ces ordonnées de la flèche f, on obtiendra successivement les ordonnées sur la corde.

VI. Une méthode exacte, généralement usitée dans le tracé des courbes de chemin de fer, consiste dans l'opération suivante.

Le point d'intersection A des alignements étant déterminé, ainsi que l'angle α, on détermine rigoureusement le point D (fig. 10). Pour cela on a :

$$A C^2 = (2R + A D) \times A D = (2R + A D) + \overline{A D}^2$$

d'où :

$$A D = -R + \sqrt{R^2 + A C^2}$$

Pour avoir d'autres points, on mène la tangente F P au point D. L'angle en F sera évidemment égal à $90° + \dfrac{\alpha}{2}$, et l'angle C F o en sera la moitié.

Considérant donc le triangle F C o, nous aurons :

$$F C = R \cot \frac{1}{2} \left(90° + \frac{\alpha}{2} \right)$$

nous aurons aussi :

$$F_o = \frac{R}{\sin \frac{1}{2}\left(90° + \frac{\alpha}{2}\right)}$$

et enfin :

$$Fc = F_o - R = \frac{R}{\sin \frac{1}{2}\left(90° + \frac{\alpha}{2}\right)} - R$$

On pourrait refaire la même construction pour avoir d'autres points, ou raccorder ces points intermédiaires principaux, par les procédés décrits.

VII. Lorsque deux opérateurs peuvent participer tous les deux au tracé d'une courbe, ce tracé peut s'effectuer rapidement et de la manière suivante :

On divise les angles égaux B et C (fig. 11) en un certain nombre de parties égales avec l'instrument, et on vise de chacun des points BC, en tenant compte de çes divisions et en suivant l'ordre inverse indiqué par les chiffres. A l'intersection de ces deux visées, un aide qui suit les indications des deux opérateurs, plante immédiatement un piquet.

Enfin, d'autres procédés existent, mais approximatifs et basés pour la plupart sur l'échelle du plan. Telle est la *méthode anglaise* suivante.

VIII. A partir du point de tangence A (fig. 12) et sur le prolongement de l'alignement, on porte deux longueurs égales A *a*, *a b*.

Du point *a* comme centre, avec *a b* pour rayon, on décrit un arc de cercle *b m*. On prend *b m* à l'échelle du plan ; c'est là que consiste l'incertitude de l'opération. On joint *a m* en prolongeant de *m d* = A *b*. Du milieu *c* de *m d*, avec *c d* pour rayon, on décrit l'arc $dn = bm$, et ainsi de suite. Si l'on n'arrive pas ainsi exactement au point B, il faut recommencer en augmentant ou diminuant légèrement bm.

CHAPITRE VI

Outillage et matériel des chantiers.
Appareils simples d'épuisement

Les nombreuses figures de l'Atlas donnent une grande variété d'outils et d'appareils se rapportant aux terrassements.

Une nomenclature de ces figures est ajoutée à la fin de ce volume désignant particulièrement chacune d'elles. Nous aurons occasion de les considérer successivement dans le cours de ce traité ; mais nous engageons le lecteur, dans son intérêt, à les revoir rapidement dès à présent. Quant aux appareils d'épuisement, nous en dirons quelques mots ici pour n'avoir pas à y revenir dans la suite.

Le plus simple des appareils d'épuisement est l'*Écope*. Sa capacité est d'environ 2 litres et demi ; la cuillère est formée de planchettes minces en bois blanc et est fixée solidement, à l'aide d'un talon, à un manche délié, en saule, dont la longueur est de 2 mètres environ. En se servant d'une écope ordinaire, un homme peut élever dans une journée de huit heures 50 à 60 mètres d'eau à un mètre de hauteur.

Le deuxième appareil d'épuisement après l'Ecope, est la *Vis d'Archimède*, composée de trois hélices contournées sur un noyau central, de 15 à 18 cent. de diamètre et contre lequel elles sont maintenues par une enveloppe cylindrique extérieure en bois, fortement cerclée.

Les hélices peuvent être en bois ou en tôle mince, et le noyau central se termine, à sa partie inférieure, par un axe en fer, se logeant dans une crapaudine; en haut, par un fort goujon, destiné à recevoir une manivelle et des bielles, ou un engrenage conique, selon que le mouvement sera donné par des hommes, ou mécaniquement.

La longueur d'une vis d'Archimède n'excède généralement pas douze fois le diamètre de l'enveloppe extérieure; soit 5 à 6 mètres pour qu'elle soit facilement transportable. Elle peut fonctionner sous n'importe quelle inclinaison, mais généralement on l'incline à 45°, sans dépasser 50°. Tout le système porte sur un cadre en bois, convenablement entretoisé et suffisamment rigide.

Cet appareil n'est pas susceptible de se déranger : il est d'une installation facile. L'eau entrant sans choc sur les spires, et les quittant avec une faible vitesse, le rendement, en marche normale, est considérable et peut être estimé à 70 ou 75 pour cent. Un homme peut facilement élever avec cette machine 125 mètres cubes d'eau à un mètre de hauteur en huit heures de travail.

Il importe de garantir l'appareil des rayons solaires qui, en séchant inégalement les bois du cadre et de l'enveloppe, finissent par tordre l'hélice et par l'excentrer autour de son axe.

Noria. — Lorsque la hauteur d'épuisement est trop grande pour que l'on puisse appliquer la vis d'Archimède, on se sert de la *Noria*, ou chaîne à pots, dont le rendement est relativement plus faible que celui de la vis d'Archimède, par suite du *baquetage* et de la surélévation forcée de l'eau au-dessus de l'axe du tambour. Dans huit heures, un cheval peut élever à un mètre de hauteur avec une noria, 670 mètres, soit un rendement de 0,57 du travail moteur.

D'autres moyens sont aussi employés : on épuise au baquetage, à l'aide d'un van, d'un tympan, d'une pompe ordinaire, etc.

Nous ne nous arrêterons à aucun de ces moyens, en renvoyant aux traités sur la matière.

CHAPITRE VII

Transports. — Considérations générales sur la fouille, la charge et le transport

---

Le maniement des terres exige trois sortes d'opérations : la *fouille*, la *charge* et le *transport*.

Dans l'exécution d'un déblai, il est rare, à moins que les terres ne soient nouvellement rapportées, qu'elles aient assez peu de consistance pour qu'on n'ait besoin que de la bêche ordinaire ou de la pelle pour les enlever. La terre végétale, le sable, le gravier, la tourbe, qui présentent le moins de cohésion, doivent être souvent attaqués à l'aide de

la *pioche* ; les terres argileuses ont souvent besoin
d'être attaquées avec le *pic* ; les terrains formés de
roche nécessitent les instruments de carriers.

Le cube de terre qu'un homme peut fouiller dépend de la nature du terrain qu'on veut déblayer

Un homme peut, avec une pioche, fouiller 15 mètres cubes de terre végétale, de sable ou de tourbe
par journée de dix heures, et ce chiffre diminue
sensiblement à mesure que le terrain est plus compact.

Le *chargeur* peut jeter 15 mètres cubes de terre
meuble, par journée de dix heures, à 3 mètres horizontalement ou à 1^{m}65 verticalement, ce qui fai
dire que le *jet de pelle* est de 3 mètres horizontalement et de 1^{m}65 verticalement. Cependant le je
vertical de 1^{m}65 donnant lieu à un travail plu
fatigant, il y a lieu de le payer davantage que l
jet horizontal. Quelquefois on n'évalue le cube d
terres jetées à 1^{m}65 de hauteur qu'à 12 m. c. pa
journée de dix heures.

On s'y prend d'une manière plus expéditive pou
fouiller les terres lorsque le déblai doit atteindr
une certaine profondeur.

La fouille d'un déblai ayant lieu par tranches
lorsqu'on est arrivé à une profondeur de 2 mètre
environ, ou bien à une profondeur faite en raiso
de la cohésion du terrain, deux saignées verticale
sont faites parallèlement dans un massif, de faço
à l'isoler des terres environnantes ; puis, à la bas
de ce massif et entre les deux saignées, on sape le
terres de façon à ce que le centre de gravité ne s
trouvant plus sur la base, les terres ne se tiennei
plus que par la cohésion. On appelle *havage* l'opéra

tion consistant à laisser les terres en surplomb. Nous donnerons plus loin la description d'une *haveuse* mécanique.

Il est nécessaire d'opérer avec beaucoup de prudence, car les éboulements sont imminents dans ce mode de fouille.

Il est indispensable que les chefs de chantier surveillent constamment les ouvriers employés à saper le massif qu'il est bon d'étayer par des langues de terres conservées à cet effet.

Lorsque le massif se trouve suffisamment en surplomb, de forts piquets armés de ferrures sont fichés à la surface supérieure sur une seule ligne joignant les extrémités des deux saignées parallèles. En enfonçant, à coups de masse (fig. 170), ces pieux (fig. 171), on détache le massif qui se convertit presque totalement, dans sa chute, en terres meubles qu'il est inutile de piocher et qui sont abandonnées aux chargeurs.

Ce mode de procéder se nomme *fouille par abatage.*

Il est facile, en employant ce moyen et à l'aide de deux piocheurs, d'abattre 30 mètres cubes de terres à la fois.

Un chantier doit se composer de piocheurs et de chargeurs ; de la nature des terres dépend le nombre de chargeurs à employer pour chaque piocheur.

Il est nécessaire que cette organisation ait lieu d'une manière exacte pour qu'aucun ouvrier ne reste inoccupé ; aussi des expériences doivent toujours être faites avant que le travail ne soit entrepris.

Un piocheur est employé à fouiller un certain

cube de terre, un chargeur charge à son tour ce même cube de terre; le temps employé par chacun d'eux est marqué, et si on appelle T le temps employé par le piocheur, et T' le temps employé par le chargeur, on arrive à savoir que le nombre de piocheurs nécessaire à un chargeur est de $\dfrac{T}{T'}$ pour qu'il ne reste pas sans ouvrage.

De cette formule, il est facile de déduire le prix du mètre cube de la fouille et charge.

$\dfrac{T+T'}{T'}$ sera le nombre d'hommes, *piocheurs* et *chargeurs*, nécessaires pour fouiller et charger un mètre cube de terre; en appliquant le prix de la journée de chaque homme, on aura le prix du mètre cube de terre fouillée et chargée, quelle que soit sa nature.

Le rapport $\dfrac{T}{T'}$ est celui qui doit exister, dans la fouille d'un déblai, entre le nombre des piocheurs et celui des chargeurs, pour que le travail ne souffre pas d'interruption et qu'aucun ouvrier ne perde de temps. Dans le génie militaire, on se sert de ce rapport pour désigner la nature des terres.

Ainsi, on dit qu'une terre est *à deux hommes*, lorsque le rapport $\dfrac{T}{T'} = 1$, c'est-à-dire lorsque le nombre des piocheurs doit être égal à celui des chargeurs.

Une terre est *à un homme et demi*, lorsqu'à un piocheur il faut deux chargeurs.

Une terre est *à deux hommes et demi*, lorsqu'il faut trois piocheurs pour deux chargeurs.

Enfin une terre est *à trois hommes*, lorsqu'un chargeur suffit à deux piocheurs.

Pour fixer ce rapport, nous avons vu qu'on faisait des expériences de fouille et de charge.

Dans le génie militaire on a l'habitude de faire piocher la terre par un ouvrier attaché au génie et de la faire charger par un ouvrier attaché à l'entrepreneur.

Les deux ouvriers ayant des intérêts différents donnent, par un travail consciencieux, une mesure exacte, un rapport dont la justesse ne peut être contestée.

Nous avons dit que le maniement des terres exigeait trois opérations bien distinctes : *la fouille, la charge* et *le transport*.

Nous avons parlé d'une manière générale des deux premières opérations, sans les examiner dans des cas particuliers que nous décrirons dans un chapitre spécial, à cause de leur importance et du mode différent d'exploitation.

Ainsi les terrains compacts exigent une fouille pratiquée d'après des principes particuliers et un personnel d'exploitation tout spécial.

Nous examinerons donc d'abord les différents modes de transports, et nous verrons le rapport qui existe entre chacun d'eux et chacune des deux opérations que nous avons désignées sous le titre de *fouille* et *charge*.

Transport à la brouette. — La capacité d'une brouette ordinaire est d'environ 1/33 de mètre cube. Nous supposerons que le poids moyen du mètre cube transporté est de 1,600 kilog., que le prix du rouleur est de 2 fr. 50 pour une journée de dix heures. Ce prix est celui généralement admis jusqu'à ce jour; mais il nous a semblé qu'en raison de l'augmentation progressive des salaires, il y aurait lieu de le considérer aujourd'hui comme trop faible et l'élever au moins à 3 fr. Toutefois, nous maintiendrons cette journée pour ne pas altérer les formules généralement admises.

Cela posé, appelons :

s, le *salaire* ou prix de l'heure du rouleur.

p, le *poids* du mètre cube de terre.

D, la distance à parcourir.

Il est admis qu'un ouvrier peut déplacer, d'une longueur d'un mètre, dans une heure, un poids de 80,000 kilog. en le faisant rouler horizontalement. De sorte que si nous appelons x le prix du mètre cube, pour rouler 80,000 kilog., ou P, à 1 mètre, en une heure, ce prix serait $\frac{s}{P}$ pour 1,000 kilog. et pour 1,000 kilog., ou P :

$$x = \frac{sp}{P}$$

et pour une distance D :

$$x = \frac{spP}{D} \quad (1)$$

Effectuant les calculs d'après les données ci-dessus :

$$x = \frac{s \times D}{\frac{P}{p}} = \frac{s \times P}{50} = \frac{2sD}{100} = 0,005 \, D$$

La distance horizontale D est comptée du centre

de gravité du déblai à celui du remblai et en ligne droite.

Cette distance est généralement de 60 mètres, parcours que peut effectuer un rouleur dans l'espace de 1 minute 2/10, temps nécessaire au chargement d'une brouette. Ce qui suppose pour le rouleur un parcours journalier de 30 kilomètres en dix heures, et pour le chargeur un chargement moyen de 15 mètres cubes dans le même temps. Le *relai* R, pour que le chargeur ne chôme pas, devra donc être de 30 mètres.

Lorsque le centre de gravité du remblai se trouve *au-dessus* de celui du déblai, la distance effective parcourue doit être moindre évidemment à cause de la rampe. La distance verticale d qui sépare les deux centres de gravité est comptée douze fois comme distance horizontale à laquelle on ajoute la moyenne distance horizontale D que le rouleur est supposé devoir parcourir.

On a ainsi, pour la distance totale supposée : D + 12 d, et la formule (1) devient :

$$x = \frac{sp\,(D + 12\,d)}{P}$$

Le relai en rampe R' serait déterminé par la relation :

$$R' = R\,\frac{D}{D + 12\,d}$$

La rampe ne doit pas dépasser $\frac{1}{12}$ soit 0,08 par mètre. Au delà, on comptera toujours sur une longueur horizontale 12 fois plus grande ; mais la

distance D, au lieu d'être comptée en ligne droite,
devra être développée jusqu'à ce que son développement corresponde à la rampe maximum
de 0,08.

Lorsque la distance D ou D + 12d sera telle que
le relai R ou R' ne la divise pas exactement, on
pourra tenir compte des fractions de relai par cinquièmes. L'entrepreneur, selon les plus ou moins
grandes facilités de chargement, devra, en pareil
cas, augmenter ou diminuer les relais, afin de partager le déficit ou l'excédent sur le relai ordinaire.
Si nous supposons que le prix d'un chargeur est
de 3 fr. 50 pour 15 mèt. cub. en dix heures, le
prix du mètre cube serait de :

$$\frac{3.5}{15} = 0 \text{ f. } 233$$

Le prix pour le transport, en admettant par
exemple une distance maxima de 100 mètres, sera :

$$x = 0.005 \times 100 = 0,50$$

Le prix total, charge et transport, serait donc de
0,50 + 0,23 = 0 fr. 73, auquel il convient d'ajouter
pour entretien d'outils, matériel, relais, etc., 1/10
de la dépense afférente à ces outils et à ce matériel.

Transport au tombereau. — Au delà d'une certaine limite subordonnée à la nature des terres
chargées, il devient avantageux d'effectuer le transport par tombereau attelé à un seul cheval. Cette
limite, comme nous allons le montrer tout à l'heure,
correspond à l'égalité :

$$x t + x = x T + X$$

s étant le salaire du chargeur dans les deux cas.

t le temps nécessaire à la charge d'un mètre cube en brouette.

T le temps nécessaire à la charge d'un mètre cube en voiture.

x le prix de transport à la brouette correspondant à une distance D.

X le prix de transport par voiture correspondant à la même distance.

En effet, il est visible, tout d'abord, que le salaire étant le même dans les deux cas, si le temps de la charge t est moindre que T, on aura $st < sT$. Il faut donc, pour que l'égalité existe, que l'on ait $x > X$.

Ainsi, le moment où l'on devra renoncer au transport de prix x par la brouette, est celui correspondant à l'égalité ci-dessus où le surplus du temps consacré à la charge en voiture est précisément compensé par la diminution des prix de transport X, par ce moyen. Le rapport de t à T est généralement de 3 à 3,5. C'est-à-dire, qu'ayant admis qu'un terrassier charge en six heures 15 mètres cubes de terre en brouette, soit 5 mèt. cub. en trois heures, en comptant un peu de temps perdu, le même terrassier chargerait 5 mèt. cub. de terre en tombereau en trois heures trente minutes, soit 1 mètre cube en quarante-deux minutes.

L'emploi de la voiture à un seul cheval d'une capacité $C = 0^{m3}500$, a lui-même une limite au delà de laquelle il convient d'employer une voiture à deux chevaux d'une capacité de $2C$ s'arrêtant elle-même à une limite demandant l'emploi d'une voiture de capacité $3C$, attelée à trois chevaux.

Au delà de cette dernière limite, il convient d'employer les wagons.

Nous venons de voir qu'on devait limiter l'emploi de la brouette, alors que le prix était supérieur à celui par voiture, à peu près dans le rapport inverse du temps de charge ou de 6 à 7.

Dans l'emploi des tombereaux de capacités différentes, le temps employé à la charge et à la décharge n'augmente pas proportionnellement à ces capacités. Toutefois, on passe d'un tombereau à un cheval à un autre à deux chevaux, et de celui-ci à un tombereau à trois chevaux, lorsque les prix de deux modes consécutifs deviennent égaux.

Par exemple soient $X X' X''$ les prix inférieurs des trois moyens de transport pour une distance D variable suivant les cas. On passera du premier, au deuxième moyen quand on aura $X = X'$ et du deuxième moyen au dernier quand $X' = X''$.

Pour déterminer ces divers prix, remarquons que si t est le temps employé par un homme à charger un tombereau, Ct sera le temps employé par un homme à la charge d'un tombereau de capacité C. Deux hommes emploieront un temps représenté par $\dfrac{Ct}{2}$.

Pour charger un tombereau à deux chevaux d'une capacité 2C, il est reconnu pratiquement que ces deux chargeurs, au lieu d'employer un temps double, n'emploient plus qu'un temps représenté par .

$$\frac{Ct}{2} + \frac{ct}{4} = \frac{3Ct}{4}$$

Enfin, quand ils ont à charger un tombereau d'une capacité 3 C, les mêmes hommes emploient un temps représenté par :

$$\frac{3Ct}{4} + \frac{Ct}{4} = \frac{4Ct}{4} \text{ ou } Ct$$

Les diverses expressions de temps ci-dessus montrent qu'il y a avantage à charger une capacité plus grande, et l'explication ne peut en être donnée que par le temps perdu au moment de la préparation du véhicule. L'expression de ce temps perdu serait sensiblement le quart du temps considéré comme appliqué à la charge. Le temps de charge *vive* serait réellement représenté par les trois quarts ou $\frac{3Ct}{8}$; pour une capacité double $\frac{3Ct}{4}$; pour une capacité triple $\frac{9Ct}{8}$, rapport un peu supérieur :

$$\frac{9Ct}{9} = \frac{4Ct}{4} \text{ ou } Ct$$

Par contre :

Si t' est le temps de déchargement d'un mètre cube de terre, généralement égal à 0 h. 05 m., $C t'$ sera le temps de déchargement d'un tombereau de la capacité C. $\frac{7Ct'}{5}$ est le temps indiqué par l'expérience pour le déchargement d'un tombereau d'une capacité de 2 C, et enfin $\frac{9Ct'}{5}$ est le temps nécessaire au déchargement d'une capacité de 3 C.

Connaissant les temps employés à la charge et à la décharge dans les trois cas, faisons :

Terrassier. — Tome I.   4

S le prix d'un tombereau à un cheval, conduc|... teur compris, 70 c.

S' le prix d'un tombereau à deux chevaux, con|... ducteur compris, 1 fr. 10 c.

S'' le prix d'un tombereau à trois chevaux, con|... ducteur compris, 1 fr. 50 c.

Soit D la distance à parcourir.

L la longueur parcourue par la voiture dans une heure et égale à 3,200 mètres.

Le temps employé à parcourir un relai aller et retour, ou 2D, sera $\dfrac{2P}{L}$, et il est supposé constant dans les trois cas, de la charge, du transport et de la décharge. Le prix d'un mètre cube dans l'unité de temps serait $X = \dfrac{S}{C}$. Mais il y a trois cas à considérer : 1° celui employé au transport ou cheminement $\dfrac{2D}{4}$; 2° celui employé à la charge $\dfrac{Ct}{2}$; 3° celui employé à la décharge Ct'.

On aura donc successivement pour les trois cas :

$$X = \frac{S}{C}\left(\frac{Ct}{2} + Ct' + \frac{2P}{L}\right) \quad (a)$$

$$X' = \frac{S}{2c}\left(\frac{3Ct}{L} + \frac{7Ct'}{5} + \frac{2P}{4}\right) \quad (b)$$

$$X'' = \frac{S}{3c}\left(\frac{4Ct}{L} + \frac{9Ct'}{5} + \frac{2P}{4}\right) \quad (c)$$

Nous pourrions établir un autre genre de formules, en remarquant que la somme $\dfrac{Ct}{2} + Ct'$ du|...

temps employé à la charge et à la décharge, peut intervenir sous forme de distance additionnelle parcourue ; alors les formules deviennent respectivement :

$$X = \frac{S}{C}\left(\frac{2D}{4} + \frac{\delta}{4}\right) = S\left(\frac{2D + \delta}{C4}\right)$$

$$X' = S'\left(\frac{2D + \delta'}{2CL}\right) \quad X'' = S''\left(\frac{2D + \delta''}{2CL}\right)$$

d'où l'on tirerait :

$$\delta = L\left(\frac{ct}{2} + Ct\right) = 3200 \times 0,2 = 640 \text{ mètres}$$

$\delta' = 952$ mètres.

$\delta'' = 1264$ mètres.

Remarquons que C et δ varient suivant la nature des matériaux, l'état des chemins et la force de l'attelage, suivant ces données on fait :

$C = 0^{m3}350$ à $0^{m3}750$ pour un cheval.

$C = 0^{m3}700$ à $1^{m3}500$ pour deux chevaux.

$C = 1^{m3}050$ à $2^{m3}250$ pour trois chevaux.

$\delta = 600$ à $1,200$ mètres pour un cheval.

$\delta = 1,100$ à $2,200$ mètres pour deux chevaux.

$\delta = 1,600$ à $3,200$ mètres pour trois chevaux.

En réduisant les formules (a) (b) (c) d'après les bases précédemment établies, on trouve :

$$X = \frac{0\,\text{f.}70}{0,500}\left(\frac{0,500 \times 0^{h}7}{2} + 0,500 + 0,05 + \frac{2}{3200}D\right)$$
$$= 0,28 + 0,000875\,D$$

$$X' = \frac{0\,\text{f.}70}{0,500}\left(\frac{0,500 \times 0^{h}7}{2} + 0,500 + 0,05 + \frac{2}{3200}D\right)$$
$$= 0,327 + 0,000687\,D$$

$$X'' = \frac{0f.70}{0,500} \left(\frac{0,500 \times 0^h 7}{2} + 0,500 + 0,05 + \frac{2}{3200} D \right)$$
$$= 0,395 + 0,000625\ D$$

Connaissant ces prix, il sera facile, comme il a été dit précédemment, de fixer les limites où doivent s'arrêter les voitures à un ou à deux colliers.

Nous allons maintenant déterminer numériquement la distance à partir de laquelle l'emploi de la brouette cesse d'avoir de l'avantage sur la voiture.

Reprenons les formules $St + x = ST + X$. Remplaçant chaque lettre par sa valeur connue, nous aurons :

$$0f.30 \times 0^h.6 + 0,006\ D\ (1) = (0,30 \times 0,7)$$
$$+ 0,28 + 0,000875\ D$$

effectuant :

$$D = 60\ \text{mètres}$$

Ainsi, au delà de deux relais, l'emploi de la brouette commence à perdre de son avantage sur le tombereau ; cependant une question de matériel peut dans certains cas motiver une distance plus grande.

Quant aux limites de séparation entre les divers genres de tombereaux, nous avons dit qu'elles étaient atteintes, lorsque les prix des deux modes de transport successifs étaient égaux, par exemple, lorsque $X = X'$. Tirant la valeur de D de ces égalités, on aura :

$$X - X' \text{ ou } 0.280 = 0.000875\ D = 0,327 + 0,000687\ D$$

_____

(1) 0,006 D correspond à une journée de 3 fr. ; pour une journée de 2 fr. 50, il faudrait 0,005 D.

d'où :

$$0,327 - 0,280 = 0,000875 \, D - 0.000687 \, D$$

$$D = \frac{0,047}{0,000188} = 250$$

Dans le cas de $X' = X''$, limite d'application de l'emploi du tombereau à deux colliers, on aura :

$$D = \frac{0,047}{0,000062} = 1096$$

Au delà de 1,096, on emploie la voiture à trois colliers, et nous verrons, lorsque nous traiterons des transports par wagons, jusqu'où s'arrête cette dernière application.

Nous avons montré qu'il était généralement utile de limiter l'emploi de la brouette à une distance de 60 mètres au delà de laquelle il devenait plus avantageux d'employer le tombereau à un cheval.

Transport au camion. — Le cas peut se présenter néanmoins où il y aurait intérêt à employer un mode de transport intermédiaire, celui au camion contenant $0^{m3}200$ environ et traîné par deux hommes, un troisième poussant par derrière.

La vitesse moyenne que trois hommes peuvent imprimer à un camion est de un mètre par seconde.

Si nous considérons la longueur 30 mètres d'un relai de brouette, l'aller et le retour s'effectueront dans une minute ou $\frac{1 \text{ h.}}{60} = 0$ h.0166, soit 0 h. 02 avec les retards dus au mauvais état du chemin ou autres causes.

4.

Un temps égal est reconnu nécessaire pour l'attelage, la mise en marche et le déchargement de $0^{m3}200$, ou 0 h. 2 pour un mètre cube, ce qui équivaudrait à 0 h. 6, si ce mètre cube était transporté par un seul homme. Or, avec la brouette, nous avons admis qu'un rouleur employait dix heures à transporter 15 mèt. cub. à 30 mèt., pour 1 mèt. cub., il emploiera $\dfrac{10}{15} = 0$ h. 666.

Il y a donc un certain avantage en faveur du camion même pour la distance d'un simple relai. On a remarqué en outre que les hommes préposés au transport fatiguent moins et peuvent parcourir trois kilomètres de plus dans la journée de dix heures.

Cependant, à cause du peu de facilité qu'ont les entrepreneurs à se défaire des camions, on n'emploie ce genre de véhicule que pour des travaux de longue durée ; encore faut-il des raisons particulières pour qu'on ne lui préfère pas le tombereau.

En effet, l'emploi du camion, concurremment avec la brouette, n'a lieu que vers la distance de 100 mètres, parce que le temps employé pour l'aller et le retour de ce relai, correspond alors au temps employé à la charge de $0^{m3}200$ que contient le camion, par deux hommes. Or, nous avons reconnu que, bien avant d'avoir atteint cette distance, l'emploi du tombereau a de l'avantage sur la brouette.

L'emploi du camion est donc limité à certains cas particuliers ; on l'a appliqué à retourner les terres des fossés aux fortifications de Paris.

Une partie des terres provenant du souterrain de la place de l'Europe, excavé à ciel ouvert et de la tranchée qui y fait suite, fut mise en cavalier au moyen du camion, et reprise verticalement au moyen d'un manège représenté à la fig. 131.

Au souterrain de Saint-Cloud, sur le chemin de fer de Versailles (rive droite), on a employé des camions cubant $0^{m3}30$; ils étaient montés sur trois roues, afin de pouvoir manœuvrer dans les courbes de faibles rayons.

Ils servaient au transport des terres dans les galeries, ils étaient mus par quatre hommes.

Ils étaient amenés sous le puits, et étaient accrochés aux quatre angles, pour être enlevés au moyen d'un manège. Nous donnons le détail de cette manœuvre aux excavations souterraines.

Transport au bourriquet. — Lorsqu'on a à élever des terres verticalement, et que l'espace dont on dispose n'est point suffisant pour établir des relais en pente, rachetant la hauteur 1^m65 du jet de pelle, on déblaie et élève les terres, en formant des étages ou gradins successifs, sur lesquels les terrassiers rejettent de bas en haut les terres.

Ces gradins peuvent avoir 1^m65 de hauteur, et un ouvrier peut arriver à jeter dans une journée de dix heures, 15 mètres cubes de terre, d'un étage à l'étage supérieur (Il est pourtant plus sage de ne compter que 12 mètres cubes).

Mais dans le fonçage des puits, dans le percement des souterrains, et le travail des carrières et des mines, l'extraction ayant lieu par les puits, ne peut se faire que par ce que nous appelons le transport au *bourriquet*.

Une corde s'enroule sur un tambour, soit horizontal, soit vertical (pourvu que les cordes descendent verticalement), et descend d'un côté dans le puits, tandis qu'elle monte de l'autre côté du tambour, en s'y enroulant.

Ce tambour est mû au moyen de manivelles que tournent des hommes.

Cela constitue le travail à bras. Ce tambour est aussi mû par un manège mis en mouvement par des chevaux.

Cela constitue la *machine à molettes*.

Ce tambour peut également devoir son mouvement de rotation à une machine à vapeur.

Les déblais sont extraits dans des *caisses*, ou *paniers*, ou *bennes* (comme on les appelle dans les mines), qui sont attachés aux extrémités de la corde.

Deux bennes, l'une pleine et l'autre vide, sont constamment attachées aux extrémités de la corde.

Lorsqu'une benne pleine monte, une benne vide descend.

Lorsque les terres sont extraites au moyen d'un treuil à bras, quatre hommes sont placés aux deux manivelles, et lorsque la benne arrive à la surface, elle est enlevée par deux des hommes qui la décrochent et la remplacent par une vide.

Un homme est chargé, en bas du puits, d'accrocher et de décrocher les bennes.

Il est facile de voir quel serait le prix de revient d'un mètre cube de terres enlevées de cette façon, et d'un mètre cube de terre enlevé par jets de pelle successifs.

Temps que reste une benne à monter 1^{m}65 . . . .   0 h. 00183

Temps pour le décrochage d'une benne pleine et l'accrochage d'une benne vide.   0 h. 00556

Temps pour vider une benne. . . .   0 h. 00695

Ces nombres proviennent d'observations faites sur des treuils dont l'arbre avait 0,20 de diamètre, et 1 mètre de longueur ; la manivelle avait 0,40 de rayon, le diamètre de la corde 0,03, et la benne cubait 0^{m}033.

Pour élever une benne de la capacité de 0,033, on restait un temps égal à :

A $\times$ 0,00183 + 0,00695 + 0,00556,   A représentant le nombre de relais de 1,65.

Si nous supposons qu'il y eût cinq relais, le temps nécessaire à l'élévation d'une benne de 0,033 était égal à. . . . .   0 h. 02166

Pour élever un mètre cube de terre, on restait :

$$\frac{0 \ h. \ 02166}{0,033} = 0 \ h. \ 656$$

Cinq hommes sont nécessaires à cette manœuvre.

Un homme, au bas du puits, accroche et décroche les bennes.

Quatre hommes à l'orifice du puits tournent le treuil, décrochent, vident et accrochent les bennes.

Si nous comptons la journée de dix heures à raison de 2 fr. 50, ce qui est un prix moyen pour toutes les parties de la France, nous verrons que chaque heure d'un ouvrier lui est payée $\frac{2,50}{10}$

= 0,25, et qu'une heure de cinq ouvriers est payée 1,25.

Par conséquent le prix d'un mètre cube de terre élevé à cinq relais de 1,65 sera de $1,25 \times 0,656 = 0,82$.

Or, cinq ouvriers étagés de $1^m 65$ à $1^m 65$, et payés aussi à raison de 2 fr. 50 la journée de dix heures, montent 15 mètres cubes de terre.

Leur solde sera de 12,50 pour ces 15 mètres cubes, et pour 1 mètre cube, le prix sera de $\dfrac{12,50}{15} = 0,833$; le temps qui leur est nécessaire est de 0 h. 666.

Ainsi, en élevant les terres par jets de pelle successifs, le prix du mètre cube est plus élevé que lorsqu'on emploie le bourriquet, et de plus ce temps augmente légèrement.

Cependant, dans l'évaluation du transport au bourriquet, il entre aussi quelquefois des frais inattendus qui le font augmenter et dépasser le prix de revient du jet à la pelle.

Aussi est-il reconnu que, lorsque la profondeur du puits est faible, il y a avantage à se servir du mode par jets successifs.

Nous donnons, au chapitre des excavations souterraines, la description du forage de plusieurs puits, dans lesquels on a fait usage du transport au bourriquet.

Lorsque le cube de terres à extraire présente une certaine importance, on fait usage d'une *machine à molettes* mue par des chevaux.

La machine 131 représente une machine à molettes.

Un arbre vertical porte un tambour composé de

deux cônes tronqués, afin que la corde puisse s'y enrouler d'elle-même avec régularité.

Les deux cordes enroulées en sens inverse passent sur deux poulies qui les renvoient dans l'axe du puits, de telle sorte qu'une benne monte pendant qu'une autre descend.

Les chevaux attelés au moyen d'arcs tournants peuvent se retourner facilement lorsque le bourriquet plein est remplacé par un bourriquet vide, et que la manœuvre inverse doit avoir lieu.

La vitesse ordinaire des manèges est de trois à quatre tours par minute ; le diamètre des tambours est déterminé par le poids à soulever au départ, puisque la benne qui monte est équilibrée par la benne qui descend.

Dans les conditions moyennes d'une profondeur de 100 mètres, le diamètre de $1^m 30$ peut enlever, avec deux chevaux, une charge de 6 à 800 kil., tout compris, le rayon du manège étant de 5 mètres.

A mesure que le mouvement a lieu, la charge est de plus en plus équilibrée par le poids de la corde descendante qui se déroule.

Le mouvement des bourriquets a dans ce cas une vitesse de 20 mètres par minute.

En doublant les chevaux, on pourra doubler la charge à enlever.

Dans la construction d'un manège, il est essentiel de régler d'une manière convenable le mode d'attelage et la longueur de la flèche.

Un cheval accroché à l'extrémité d'une flèche doit décrire une circonférence autour de l'axe du manège ; on a remarqué que le rayon minimum à adopter est de $2^m 50$. La longueur du cheval restant la même, à mesure que la longueur de la flèche diminuerait, le bras de levier de l'effort exercé diminuerait aussi.

Il ne faudrait pas conclure de cela qu'il serait utile d'augmenter outre mesure la longueur de cette flèche ; la vitesse du cheval ne pouvant être augmentée sans lui devenir nuisible, il faudrait compliquer les transmissions pour obtenir une vitesse convenable sur le tambour.

Ces diverses considérations ont conduit à donner à la flèche d'un manège une longueur variant entre 4 et 5 mètres.

Il est aussi très important d'adopter un mode d'attelage qui ne transmette pas à la flèche le mouvement alternatif des épaules du cheval.

Les *Arcades* qu'on emploie remplissent le but qu'on se propose.

Ce sont des demi-cercles suspendus par une tige circulaire pouvant tourner dans un œil pratiqué dans la flèche ; il s'ensuit que le cheval, au bout de sa course, tourne sur lui-même, pour aller en sens inverse, et que l'arcade tourne avec lui sans difficulté.

Pour le service des manèges, on emploie le plus souvent des chevaux aveugles ; en cas contraire, on est obligé de leur couvrir les yeux.

Les chevaux fougueux doivent être écartés avec soin, dans l'intérêt du service, et pour la conservation du manège ; ils doivent être de petite taille, courts, à pieds ni larges, ni aplatis.

Leur vitesse doit être régulière, et par conséquent rester dans des limites qui leur permettent d'obéir aux besoins du service.

Un cheval ne doit pas faire plus de deux heures consécutives de travail, si on veut le conserver en bon état de santé ; son repos doit excéder légèrement son temps de travail.

La vitesse d'un cheval au galop est de 10 mètres ; au trot, elle est de 4 mètres ; au pas allongé ou relevé, elle est de $1^m 50$; au petit pas, elle est de un mètre.

L'effort absolu de traction d'un cheval est de 360 kil., mais l'effort continu d'un cheval attelé ne dépasse pas 90 kil., avec une vitesse moyenne de 1 mètre par seconde ; encore ne faut-il pas compter sur une continuité de travail bien grande. Un cheval se fatiguerait extrêmement s'il était obligé de soutenir un effort de traction de 50 kil. avec 1 mètre de vitesse par seconde.

La trace des chevaux doit être bien entretenue, et conservée toujours en pente pour que les eaux n'y séjournent pas.

Calcul du travail obtenu par un manège. — Supposons un manège composé d'un arbre vertical armé d'une ou de plusieurs flèches destinées à être mues par des chevaux ; supposons que cet arbre vertical transmette au moyen de 2 roues d'angle son mouvement à un arbre horizontal sur lequel est fixé un tambour recevant la corde à laquelle est suspendu le poids à monter.

Appelons R, le rayon décrit par un cheval accroché à une flèche ;

R' le rayon de la roue d'angle placée sur l'arbre vertical ;

R" le rayon du pignon d'angle placé sur l'arbre horizontal ;

Terrassier. — Tome I.   5

R''' le rayon du tambour ;

R^{iv} le rayon des pivots de l'arbre vertical ;

R^v le rayon des pivots de l'arbre horizontal ;

F le coefficient de frottement des tourillons et des pivots ;

N le nombre de tours de l'arbre vertical, par minute ;

N' le nombre de tours de l'arbre horizontal, par minute :

P La somme des efforts des chevaux attelés ;

P' l'effort transmis à la circonférence de la roue d'angle ;

Q le poids à élever par le tambour ;

S le poids de l'arbre vertical et de ce qu'il porte ;

T le poids de l'arbre horizontal et de ce qu'il porte.

Le travail produit par les chevaux devra être égal au travail utile, c'est-à-dire au travail consistant à élever le poids Q, plus le travail représenté par la résistance occasionnée par les frottements des tourillons et des engrenages.

T^m = travail moteur.

T^u = travail utile.

T^f = résistance des frottements.

Nous aurons donc T^m = T^u + T^f.

Cherchons les valeurs de T^m et de T^u.

Si on remarque que R est le rayon décrit par les chevaux ; que 2πR représente la circonférence décrite par eux ; que N est le nombre de tours que les chevaux font faire à l'arbre vertical par minute ; que la somme des efforts des chevaux est P, on aura :

$$T^m = 2\pi R N P$$

De même on aura pour le travail :

$$T^u = 2\pi R''' N' Q$$

Mais on remarquera que le nombre des tours de l'arbre horizontal est égal au nombre de tours de l'arbre vertical multiplié par le rapport qui existe entre le rayon de la roue d'angle et le rayon du pignon d'angle, c'est-à-dire :

$$N' = \frac{N R'}{R'}$$

On tire de cette expression une valeur de T^u simplifiée :

$$T^u = 2\pi N \frac{R' R'''}{R''} Q$$

T^f se compose :

1° Du travail de frottement du pivot de l'arbre vertical ;

2° Du travail de frottement latéral des tourillons de cet arbre ;

3° Du travail de frottement des tourillons de l'arbre horizontal.

Le travail de frottement du pivot de l'arbre vertical est égal pour N tours par minute, à :

$$(1)\; \frac{4}{3}\; \pi R^{iv} N F S$$

Pour trouver le travail de frottement des tourillons de l'arbre vertical, il faut observer que cet arbre est sollicité par deux forces, l'une P tangentielle à la circonférence de la flèche et changeant

sans cesse de direction, et l'autre P', tangentielle à
la circonférence de la roue d'angle, et dont la direction est constante.

Si nous appelons ∞ l'angle variable de ces deux
directions, la pression sur les tourillons est :

$$\sqrt{P^2 + P'^2 - 2PP'\cos\infty}$$

Lorsque la flèche est d'équerre à la direction de la
force P', les deux forces P et P' agissent dans le
même sens et sont parallèles, ou bien elles sont dirigées en sens contraire et sont parallèles.

Dans le premier cas, la résultante atteint sa valeur maxima $P + P'$.

Dans le second cas, $\cos\infty = 1$, et la résultante
$P' - P$ atteint sa plus petite valeur.

Nous adopterons donc le maximum $P + P'$, mais
alors nous négligerons le frottement des engrenages, qui est très faible. Pour N tours, le travail de
frottement latéral des tourillons de l'arbre vertical
est de :

$$(2 \quad 2\pi R\omega\, NF\, (P + P')$$

Le travail de frottement des tourillons de l'arbre
horizontal pour N' tours, sera :

$$3)\ 2\pi R\omega\, N'F\sqrt{P'^2 + (T + Q)^2}$$

Observant que :

$$N' = \frac{NR'}{R''} \quad P' = \frac{QR'''}{R''}$$

On remplace dans les équations (1), (2), (3), N'
et P' par leurs valeurs.

Ces trois équations deviennent :

$$1^{o} \ \frac{4}{3} \ \pi \, R_{IV} \, N \, F \, S$$

$$2^{o} \ 2 \pi \, R_{IV} \, N \, F \left(P + \frac{Q \, R'''}{R''} \right)$$

$$3^{o} \ \frac{2 \pi \, R_{V} \, N \, R' \, F}{R''^{2}} \sqrt{Q^{2} R'''^{2} + (T + Q)^{2} R''^{2}}$$

En faisant la somme de ces trois valeurs, on aura T^{f} :

$$T^{f} = \frac{4}{3} \, \pi \, R_{IV} \, N \, F \, S + 2 \pi \, R_{IV} \, N \, F \left(P + \frac{Q \, R'''}{R''} \right)$$
$$+ \frac{2 \pi \, R_{V} \, N \, R' \, F}{R''^{2}} \sqrt{Q^{2} R'''^{2} + (T + Q)^{2} R''^{2}}$$

Ayant obtenu le travail de frottement général, on pourra trouver le travail moteur nécessaire pour détruire toutes les résistances ; or, nous avons vu que T^{m} ou $P R = T^{u} + T^{f}$, nous en déduirons :

$$P R = 2 \pi N \, \frac{R' R'''}{R'} \, Q + \frac{4}{3} \, \pi N \, R_{IV} \, F \, S + 2 \pi N \, R_{IV} \, F$$
$$\times \left(P + \frac{Q R'''}{R''} \right) + \frac{2 \pi N \, R_{V} \, R' \, F}{R''^{2}} \sqrt{Q^{2} R'''^{2} + (T + Q)^{2} R''^{2}}$$

toutes les valeurs du second terme sont divisibles par $2 \pi N$:

$$P R = \frac{R' + R'''}{R''} \, Q + R_{IV} \, F \left(\frac{2}{3} \, S + P + \frac{Q R'''}{R''} \right)$$
$$+ \frac{R_{V} \, R' \, F}{R''^{2}} \sqrt{Q^{2} R'''^{2} + (T + Q)^{2} R''^{2}}$$

On connaît dans cette équation Q, et le poids des diverses pièces du manège, on obtiendra ainsi P.

Ayant obtenu P, sachant que l'effort de traction d'un cheval est de 50 kil. avec une vitesse de 1 mètre par seconde, on obtiendra $\dfrac{P}{50}$ = nombre de chevaux à employer.

Dans les puits de grande profondeur, l'effort à surmonter pour la mise en mouvement est considérablement augmenté par le poids des cordes, et si l'on se bornait à calculer les dimensions du cylindre moteur, d'après la résistance moyenne, il pourrait arriver que le départ ne pût avoir lieu.

Il est donc avantageux de faire varier le diamètre du tambour, afin que la vitesse, faible au départ, aille en augmentant à mesure que la charge montera et que la corde descendante se déroulera, ajoutant son poids toujours croissant à la force motrice.

C'est ce motif qui a fait adopter des tambours coniques, mais le but est mieux rempli lorsqu'on emploie des cordes plates enroulées sur des *bobines*.

Ces câbles plats sont composés de quatre câbles ronds de 0,02 à 0,023 de diamètre, réunis par des coutures transversales ; ils sont accolés de façon à ce que les torons soient en sens inverse ; cette disposition a l'avantage de diminuer l'usure des fils extérieurs qui, lorsqu'une corde ronde de 0,05 à 0,06 de diamètre s'enroule sur un tambour, sont soumis à une tension bien supérieure à celle qu'éprouvent les fils en contact avec le tambour.

Le rayon minimum existe lorsque la corde étant déroulée jusqu'au bas du puits va s'enrouler de nouveau, et le rayon est augmenté à chaque tour de l'épaisseur de la corde ; or la vitesse étant proportionnelle au rayon, est à son minimum au dé-part et s'accélère jusqu'à la fin de l'ascension.

Lorsque l'extraction a lieu dans des puits d'une grande profondeur, et qu'il est nécessaire d'impri-mer une grande activité à la marche des travaux, on emploie au lieu d'un manège mû par des chevaux, un manège dont le moteur est une machine à vapeur.

Les machines à vapeur employées à l'extraction sont ordinairement à haute pression, sans conden-sation, et rarement à détente, à cause de la néces-sité d'arrêter souvent et de retourner le sens de la marche.

L'effet utile de ces machines est d'autant plus faible que la profondeur est moindre, et que le temps perdu est plus considérable.

L'appareil pour le changement du mouvement doit être simple et facile à manœuvrer.

Le mécanicien a l'œil sur l'orifice du puits, et l'arrivée de la benne étant indiquée à l'avance par un repère sur la corde ou par une sonnette placée dans le puits, il ralentit le mouvement pour l'arrêter subitement et le renverser, lorsque la benne est arrivée à une hauteur convenable.

C'est à l'arrivée de la *benne* sur la *halde* exhaussée de 2 ou 3 mètres au-dessus du terrain environnant, que les *receveurs* s'en emparent pour la vider.

On a établi dans les mines de la Grande-Croix (Rive-de-Gier), un chemin de fer à un seul rail qui mérite d'être mentionné, parce qu'il réduit le poids mort à ce qu'il est dans le traînage. Ce chemin de fer attaché à chaque cadre du boisage au moyen de deux pièces de bois, consiste lui-même en longrines sur lesquelles on a fixé le rail (fig. 243, 244, 245).

Une poulie porte la benne au moyen d'un fléau en fer, et d'une tige coudée qui reporte le centre de gravité du système dans l'axe du chemin de fer.

On a disposé aux points d'arrivée et de départ, une plate-forme sur laquelle les patins de la benne suspendue viennent se poser, de sorte que l'ouvrier rouleur n'a pas besoin de soulever la charge.

Ce mode de construction ne s'est pas répandu à cause des inconvénients qui résultent du ballottement des vagons-bennes ; il paraît cependant susceptible d'être amélioré, et conviendrait surtout aux mines où le sol est mauvais et d'un entretien coûteux.

Au bois de Boulogne, pour la construction des fortifications de Paris, on a aussi employé ce système de vagons pour le transport des terres et des matériaux, fig. 246, 247.

Les rails étaient posés sur des longrines fixées à des poteaux montants, solidement établis de distance en distance.

Transport par câble sans fin. — Un système de transport particulier, en usage depuis longtemps aux environs de Paris, aux carrières d'Auteuil, a été perfectionné par un ingénieur anglais, M. Hodgson. — Ce système, d'une installation facile et économique, est utilisé dans les endroits où les routes et les chemins de fer ne peuvent être établis. C'est, comme nous venons de l'indiquer, le perfectionnement du transport au vagonnet suspendu par une poulie sur un câble métallique, et il a été appliqué entre autres dans une carrière de granit des environs de Londres.

Il se compose d'un câble en fil de fer sans fin enroulé à l'une de ses extrémités sur une poulie horizontale, en bois, d'un grand diamètre, et à l'autre extrémité sur une poulie à mâchoires mobiles (système Fowler), également horizontale. Le câble sans fin est porté, tous les 50 mètres environ, par des poulies de support fixées sur des poteaux. La poulie qui entraîne le câble, reçoit le mouvement d'une locomobile à l'aide d'une transmission par courroie. Nécessairement l'un des côtés du câble marche toujours dans un sens et l'autre dans le sens contraire, ce qui donne la voie pour l'aller et le retour ; sa vitesse est de 1ᵐ50 à 2 mètres par seconde. Les vagonnets contenant les matériaux sont suspendus à la corde métallique, par un crampon d'une forme particulière qui maintient un équilibre parfait dans la charge, tout en passant sans difficulté au-dessus des poulies de support du câble.

Dans la ligne en exploitation, les vagons portaient 100 kilogr. de pierre ; on peut faire voyager 200 vagons environ par heure à la distance de 4 kilomètres à l'heure, ce qui donne un rendement de 10 tonnes à l'heure. S'il s'agissait de transporter des charges de 250 à 500 kilogr., M. l'ingénieur Hodgson, l'inventeur du système, indique une autre disposition qui consiste dans l'emploi de deux cordes fixes servant de rail, et d'un câble sans fin placé au-dessous pour donner le mouvement. Le vagonnet serait alors suspendu

5.

par deux poulies sur la corde supérieure et fixé au câble moteur par une tige articulée.

Pour les exploitations rurales, les grands chantiers de travaux de construction, les carrières, ce procédé a l'avantage d'être d'une construction peu coûteuse et de pouvoir être mis rapidement en service, quelles que soient les difficultés du terrain à traverser.

Ainsi, on peut faire traverser à la voie aérienne, des marais, des ravins qui seraient impraticables pour une route ordinaire, et il n'en coûte pas plus de frais de premier établissement que si l'on se trouve dans une plaine sans aucun accident de terrain.

Voici quels étaient les prix par kilomètre à Londres, pour l'établissement d'une voie de transport sur câble, procédé Hodgson, avec la force motrice.

Ligne à un seul câble, transport de 50 tonnes par jour dans des vagonnets pesant 25 kilogr., 3,900 fr. le kilomètre.

Ligne à un seul câble, transport de 100 tonnes par jour dans des vagonnets pesant 50 kilogr., 6,250 fr. le kilomètre.

Ligne à un seul câble, transport de 200 tonnes par jour dans des vagonnets pesant 100 kilogr., 8,650 fr. le kilomètre.

Ligne à double câble, transport de 400 tonnes par jour, vagons de 200 kilogr., 17,250 fr. le kilomètre.

Ligne à double câble, transport de 600 tonnes par jour, vagons de 300 kilogr., 23,400 fr. le kilomètre.

Ligne à double câble, transport de 1,000 tonnes

par jour, vagons de 500 kilogr., 31,250 fr. le kilomètre.

Pour les lignes ayant moins de 15 kilomètres de
longueur, on compte un kilomètre en plus pour les
frais d'estacade aux deux extrémités.

A ces prix, il conviendrait d'ajouter le transport
et la pose, mais on doit considérer qu'on peut
s'entendre avec les inventeurs pour n'acheter que
les objets indispensables au système et se procurer
sur place les poteaux, les poulies de support, les
vagons, etc., etc.

Les frais d'exploitation se composent, en dehors
des ouvriers employés au chargement, d'un mécanicien et des dépenses de charbon. Il faut également tenir compte de l'usure du câble en fil de fer,
qui durera au plus trois ans. Mais ces frais peuvent
aussi soutenir avantageusement la comparaison
avec ceux que nécessite l'entretien d'un matériel de
transport ordinaire se composant de tombereaux
traînés par des chevaux (1).

Nous donnons (fig. 283 à 289), une disposition
d'ensemble et des détails de supports sur ce
système (2).

Transport au panier. — Dans le midi de la
France, le transport des terres est fait au moyen
de paniers que des hommes portent sur les épaules,
à la façon des coltineurs de charbon de terre.

Un sac de toile est placé sur leur tête de façon à

----

(1) Extrait du Bulletin de la Société des anciens Elèves
des Ecoles d'Arts et Métiers.

(2) La maison Cail et Cⁱᵉ s'était rendue concessionnaire
du privilège en France.

la garantir, l'ouverture du sac est sur le devant de la tête et fermée avec une ficelle; au fond du sac se trouve un amas de feuilles sèches qui forment un bourrelet reposant sur les épaules, et sur lequel vient s'appuyer le panier.

Ce mode de transport remplace la brouette, lorsque les déblais doivent être menés à petites distances.

C'est ainsi qu'il sert avantageusement pour transporter les terres du pied de la tranchée dans les véhicules définitifs, soit vagon, soit tombereau.

Le transport au panier n'est pas seulement fait par des hommes, mais aussi et surtout par des femmes.

Voici quelques notes sur un terrassement qui a eu lieu dans les travaux de Port-Vendres.

Le chantier avait environ 300 mètres de longueur et 140 de largeur.

Il était sillonné de voies formées de rails provisoires.

Ces rails étaient en fer plat posé de *champ*, de 0,06 de hauteur, et 0,015 d'épaisseur.

Ils reposaient dans des entailles faites dans des traverses, et y étaient fixés, sur une hauteur de 0,03, au moyen de coins en bois fichés dans les rainures, et agissant latéralement sur la plate-bande.

La voie avait un mètre de largeur.

Les traverses étaient débitées dans des rondins de peupliers sciés en deux.

Les entrevoies étaient d'environ deux mètres.

Le personnel du chantier était composé de la manière suivante :

Un homme armé de pinces, de coins et de masses, battait la terre, et des femmes faisaient l'office de chargeurs.

Un homme seul était occupé à prolonger les voies et à les riper.

Le piocheur suffisait pour que les femmes pussent charger 60 vagons dans une journée.

Les vagons cubant 1m30, il est à supposer que les terres étaient friables, et offraient peu de résistance, puisqu'un seul homme suffisait à piocher dans une journée de travail 78 mètres cubes de terre.

Chaque femme était munie d'un panier appelé *banaste* (fig. 164), et d'un outil nommé *cabat*, (fig. 165).

La banaste est généralement en bois de châtaignier, et cube 0,010.

Le cabat est un instrument recourbé sur son manche, et ressemble assez à l'outil dont se servent les cultivateurs pour déterrer les pommes de terre.

Avec ces deux outils, chaque femme chargeait assez de terre pour gagner une journée de 2 fr. 75 à 3 fr.

Généralement les femmes étaient réunies par groupes de quatre, et chacune d'elles recevait 0 fr. 05 par vagon chargé.

Si on considère qu'ainsi chaque vagon coûtait pour son chargement 0,20, que ce vagon cubait 1,30, on verra que le mètre cube de terrassement revenait à 0 fr. 154.

Si on ajoute à ce prix la journée du piocheur répartie sur 78 mètres cubes de terre, on verra que le prix du mètre de terres piochées et chargées en vagon revenait à :

$$\frac{0,20}{1,30} + \frac{2,50}{78} = 0 \, \text{f. } 186$$

L'habileté des femmes dans ce genre de travail est fort remarquable, et la rapidité avec laquelle elles emplissent la *banaste*, n'est pas une des moindres causes du peu d'élévation du prix de revient que nous venons d'indiquer.

Pour remplir le panier, la femme le place entre ses jambes et dans une position inclinée, elle racle le sol avec le *cabat*.

Lorsque la banaste est pleine, la femme la place sur sa tête, et en la prenant par les anses, elle la décharge dans le vagon.

Les femmes les plus fortes lancent le contenu de leur corbeille dans le vagon sans avoir besoin de la placer sur leur tête.

Ce mode de terrassement au panier a été employé en Italie pour tous les terrassements du chemin de fer de Naples à Castellamare. Les banastes différaient un peu de celles indiquées ci-dessus par une plus grande profondeur ; elles avaient 0,30 de hauteur.

CHAPITRE VIII

Voies provisoires et fixes. — Tournants et aiguillages

—

Nous venons d'examiner rapidement les diverses méthodes de levé, de nivellement, de calcul des déblais et des remblais, de tracé des courbes, des évaluations des distances et des prix de transport avec la brouette, le tombereau, le camion et le bourriquet.

Nous allons maintenant aborder la question des grands terrassements que nécessitent surtout les chemins de fer, et examiner le matériel fixe des voies provisoires et définitives, le matériel roulant sur ces voies, le prix de transport.

Nous ferons connaître ensuite l'outillage des chantiers, leur organisation et leur conduite dans les divers cas.

Voies formées avec des rails d'entrepreneurs. — Lorsque les voies destinées aux terrassements sont faites en rails provisoires, il est nécessaire de leur donner une section suffisante pour supporter une charge de 4,000 kilogr., c'est-à-dire la charge du vagon de terrassement plein.

Les rails sont quelquefois de simples barres de fer laminé tel qu'on le trouve dans le commerce, et qu'on place de *champ* ou sur plat, et bout à bout sur des longrines ou des traverses posées sur le sol.

Les terrassements du chemin de fer de Saint-Germain ont été exécutés primitivement avec une voie formée de barres de fer pesant 8 kil. 50 par mètre linéaire, ayant 0,07 sur 0,015 et encastrées de *champ* dans des traverses en bois posées sur le sol.

La largeur de la voie d'axe en axe des rails était de 1,50.

Aux extrémités de la traverse, on pratiquait deux rainures distantes de 1ᵐ50 ; leur profondeur était moindre que la hauteur du rail.

On y logeait le rail et on le coinçait au moyen de coins en bois qu'on enfonçait sur le côté du rail, dans l'entaille qui avait été faite d'une largeur suffisante à l'introduction du rail et de son coin.

Les traverses étaient espacées de 0,60 et débitées dans des rondins qu'on sciait simplement en deux en ne leur faisant subir aucune main-d'œuvre.

Ces moitiés de rondins étaient posées sur le sol suivant leur côté plat.

La section de ces rails fut trouvée trop faible, malgré le peu de distance qu'on avait mise entre les traverses.

On les a remplacés par des rails américains représentés figure 99, pesant 20 kilogr. par mètre courant de rail, chevillés sur les traverses avec coussinets en fonte aux joints des rails.

L'emploi des rails en fer placés *de champ* a néanmoins été adopté par plusieurs entrepreneurs, et notamment sur le chemin de fer de Strasbourg, avec une voie de 0,84. En donnant une section suffisante, ils peuvent rendre de grands services.

Cependant ils ne sont pas sans inconvénients ; le roulement des vagons détériore promptement les jantes des roues en y traçant de profondes rainures qui les mettent hors de service au bout de très peu de temps.

Au chemin de fer de Londres à Birmingham, on a employé des rails en fer plat ayant 0,075 sur 0,025.

Ces rails étaient placés *de champ* dans des coussinets en fonte fixés sur les traverses au moyen de chevillettes.

Ce rail pesait 15 kil. 5 le mètre courant et était fixé dans son coussinet au moyen d'une clavette.

L'espacement des traverses était de 0,75.

Sur le chemin de fer de Londres à Bristol, le rail était également de fer plat posé *de champ*, dont les dimensions étaient 0,065 sur 0,020.

Il reposait dans des coussinets en fonte fixés sur les traverses au moyen de chevillettes.

Une clavette en bois coinçait le rail dans son coussinet.

La distance entre les traverses était de 0,65.

Cependant ce rail n'était employé que pour la circulation des vagons vides, les vagons chargés roulaient sur des rails américains à peu près semblables à ceux de Saint-Germain et pesant 19 kilogr. par mètre courant de rail.

Sur le chemin de fer de Douai à Lille, on a exécuté le déblai de la tranchée des Ogiers avec des voies formées de plates-bandes de 0,07 de largeur sur 0,025 d'épaisseur, posées *de champ* dans de petits coussinets en fonte fixés sur des traverses en bois de sapin blanc espacées de 0,90 d'axe en axe.

Les vagons qui circulaient sur ces voies pesaient tout chargés, 3,575 kilogr.

Dans les mines de Roche-la-Molière (Loire), les voies sont formées de bandes de fer méplat de 0,07 sur 0,011, posées *de champ* sur des traverses distantes de mètre en mètre. La largeur de la voie est de 0,80; les wagons pèsent 1,800 kilog.

Le prix du mètre courant est revenu à :

```
10 k. 811 de fer, à 33 fr. 25 les 100 kilog.   3 fr. 51
1ᵐ 13 courant de bois de pin, par traverse,
    à 0 fr. 50 le mètre . . . . . . . . . .   0    56
Deux coins . . . . . . . . . . . . . . .   0    05
Pose . . . . . . . . . . . . . . . . . .   0    41
                        Total . . . . . .   4 fr. 53
```

Aux mines de Blanzy, les rails sont des barres de fer de 0ᵐ038 de hauteur sur 0,0135 d'épaisseur

Ils pèsent 5 kilog. par mètre courant et sont encastrés dans des traverses en bois espacées de 0,60 à 0,90.

La voie a 0,80.

Le prix du mètre courant de voie est revenu à :

```
10 kilog. de fer en barre . . . . . . . .   3 fr. 400
1.6 traverse de bois à 0,50 . . . . . . .   0    800
3.2 coins à 2 fr. le cent . . . . . . . .   0    064
Transport à pied d'œuvre . . . . . . . .   0    016
Pose . . . . . . . . . . . . . . . . . .   0    256
                        Total . . . . . .   4 fr. 536
```

Quelquefois, les voies sont formées de plates-bandes posées à plat sur deux lignes de longrines en bois, sur lesquelles elles sont fixées de distance en distance avec des vis à tête fraisée.

L'écartement des deux longrines est maintenu par des traverses sur lesquelles elles reposent.

Ce système a l'inconvénient d'exiger une grande quantité de bois.

Il faut ajouter que le rail se trouvant dans le même plan que le sol est sans cesse obstrué de ferrailles et de débris, et que des couches de matériaux écrasés recouvrent toujours la surface du rail qu'il faut nettoyer sans cesse.

Fig. 91. C'est pourtant de cette façon qu'on a posé le chemin de service des travaux du port de Cherbourg, ainsi que les voies destinées à l'excavation de la grande tranchée de la forêt de Saint-Germain, et au transport des terres à travers le souterrain de la terrasse du chemin de fer atmosphérique (fig. 92).

Le cube de terres qui, venant de la tranchée, ont servi à la formation du remblai, s'est élevé à 90,000 mètres cubes.

Voici comment on peut établir le prix de revient de cette voie :

Devis estimatif de l'établissement d'une voie en bandelettes.

Cette voie sera composée de traverses de madriers de 2 mètres de longueur, sur lesquelles reposeront des longrines, également en madriers, posées à plat ; ces longrines seront recouvertes de bandes de fer de 0,06 de largeur sur 0,01 d'épaisseur.

On peut calculer :

Que les fers employés pour fixer les bandelettes sur les longrines, et les longrines sur les traverses, seront entièrement perdus ;

Que les bandelettes pourront être reprises pour 2/3 de leur valeur neuve lorsque le chemin sera déposé ;

Que les longrines ne pourront être reprises que pour 1/3 de leur valeur neuve, à cause des déchirures et fentes qui pourront arriver pendant l'usage ;

Que les traverses pourront être reprises pour les 2/3 de leur valeur neuve au moment de la dépose.

Il y aura une traverse par mètre linéaire.

Les longrines seront fixées sur chaque traverse par une vis à bois, et les bandelettes seront fixées au moyen d'une vis par mètre.

1 traverse en madrier rouge, 0,22 × 0,08, de 2.00 à 1 fr. 15, ci	1 fr. 15	
2ᵐ 00 linéaires de longrines, à 1 fr. 15	2	30
2ᵐ 00 linéaires de bandelettes, 9 kil., 25 à 35 c. .	3	24
4 vis à bois, à 0.20.	0	80
Pose	1	25
	8	74

A *déduire* : Les valeurs après emploi,

2 3 du prix de la traverse, soit : $\dfrac{1,15 \times 2}{3} = 0,77$

1 3 du prix des longrines, soit : $\dfrac{2,30}{3} = 0,77$

2 3 du prix des bandelettes, soit : $\dfrac{3,24 \times 2}{3} = 2,16$

$$\overline{3,70}$$

Moins cependant l'intérêt de cette avance de fonds pendant deux ans, soit 10 pour cent 0,738

Reste à déduire.	2,962	2	962
Prix du mètre linéaire de voie		5 fr.	778

Au chemin de fer atmosphérique, au lieu de fixer les plates-bandes en fer sur les longrines avec des vis à bois, on avait employé des chevillettes en bois, taillées suivant les fibres du bois, dans des morceaux de cœur de chêne, comme celles employées en Angleterre par MM. Ransome et May pour le chemin de fer de Douvres, et en France pour le chemin de fer de Montereau à Troyes.

Les entrepreneurs préfèrent quelquefois employer pour rails des fers du commerce, soit parce que le temps leur manque pour en faire fabriquer de spéciaux, soit pour la facilité avec laquelle ils peuvent s'en débarrasser à la fin des travaux.

Lorsque la fabrication des rails était très peu répandue en France, on pouvait comprendre que les entrepreneurs fussent arrêtés par la nécessité de faire établir des laminoirs pour l'exécution de leurs rails ; mais maintenant que dans toutes les usines s'occupant de la fabrication des rails on trouve des laminoirs déjà exécutés, il est à croire que les plates-bandes seront peu employées.

Nous donnons le dessin de deux rails spéciaux pouvant porter de gros wagons traînés par des chevaux. Le premier, à un seul champignon, pèse kil. 68 le mètre courant ; il se lamine aux forges de Montataire (Oise) (fig. 93).

Le second est à deux champignons et pèse kil. 80 le mètre courant. Il a été employé sur le chemin de fer de Versailles à Chartres avec une voie de 1^m50 (fig. 94).

Le prix de revient du mètre courant de voie peut s'établir ainsi :

Le mètre linéaire pèse 8 kil. 80 le mètre courant de rail, ou 17 kil. 60 à 43 fr. les 100 kil. . . . . .   7 fr. 56

Les coussinets coûtent 0,65 pièce ; il en faut deux par mètre courant.   1   30

4 chevillettes à 0 fr. 10.   0   40

1 traverse   1   10

2 coins.   0   50

Total pour 1ᵐ00 courant de voie . . .   10 fr. 86

Ce rail a été employé sur le chemin de fer de Strasbourg pour les immenses terrassements du mamelon de Poincy et la grande tranchée des bois de Meaux.

Pour l'établissement d'une seconde voie sur le chemin de fer de Paris à Sceaux, on a employé ce rail avec une voie de 0,88 portant des wagonnets cubant 1 mètre de déblai ; le coussinet dont nous donnons le dessin pesait 0 kil. 78. Les traverses étaient débitées dans des rondins sciés en deux.

Le rail à un seul champignon (fig. 97) a été employé dans les terrassements du canal latéral de la Garonne et également dans la construction des chemins de fer du midi de la France.

Au chemin de fer de Paris à Chartres, pour le raccordement avec le chemin de fer de Versailles, voici comment l'administration des ponts et chaussées avait porté les prix des voies provisoires sur la série des prix :

(Fourniture et pré-paration des voies provisoires, les rails pesant 15 kilog. au moins par mètre courant.	Détail pour 1 mètre courant de voie. Si l'entrepreneur, au lieu de prendre des rails et coussinets définitifs qui lui seraient fournis par l'Etat, reçoit ordre de fournir des rails en fer et les coussinets provisoires que ces rails pourraient rendre nécessaires, Le prix sera porté à 10 fr.
) Fourniture et pré-paration des voies provisoires, les rails étant en bois et fer.	Détail pour 1 mètre courant de voie. Dans les cas où les rails fournis seraient en bois et fer, le prix sera porté à 9 fr.

Ces rails en fer et bois que l'on a employés sur plusieurs chantiers de terrassements sont formés de petites longrines en chêne placées *de champ*, ayant 0^m,15 de largeur sur 0^{m}06 de hauteur, et dont la surface supérieure est recouverte d'une bandelette en fer ayant 1 centimètre d'épaisseur sur 6 de largeur. Ces bandelettes sont fixées sur le bois par des vis à tête fraisée. Ces rails sont encastrés dans des traverses entaillées (fig. 102) de la même manière que les rails en fer de champ.

Nous terminerons l'exposition des différents rails de voies provisoires exécutés dans les terrassements par un tableau, inséré page suivante, représentant les dimensions des rails en fer du commerce employés dans différents chantiers de chemins de fer.

Nous terminerons la nomenclature des diverses voies par la description de celles qu'établit la maison Suc et Chauvin, dont nous reparlerons à

Tableau des dimensions moyennes des rails en fer qu'on trouve dans le commerce et en usage sur quelques chemins de service

Désignation des chemins	Dimensions des barres		Poids d'un wagon chargé	Distance des traverses	Observations
	verticales	horizontales			
	m.	m.	kilog.	m.	
Pont-canal de Digoin	0.060	0.016	4.000	1.00	
Pont-canal de l'Allier	0.070	0.009	1.400	1.00	
Pont de Roanne	0.070	0.015	1.300	1.00	
Leeds et Selby	0.030	0.030	2.500	1.10	
Soccoa	0.012	0.030	2.800	»	⎰ Rails sur longrines de 0m.15 sur 0m.15.
Travaux de Cherbourg.	0.030	0.050	6.000	»	⎱ Rails sur longrines de 0m.20 sur 0m.15.
Canal de Bourgogne.	0.005	0.040	»	»	Rails sur longrines.
Londres à Birmingham	0.075	0.025	4.000	0.75	Coussinets en fonte.
Londres à Bristol	0.065	0.020	4.000	0.65	Coussinets en fonte.
Terrassement du chemin de Saint-Germain.	0.070	0.013	4.140	0.60	
Chemin de Douai à Lille (tranchée des Ogiers)	0.070	0.023	3.575	0.90	Coussinets en fonte.
Mines de la Roche-Molière. . . .	0.070	0.011	»	0.90	
Mines de Blanzy.	0.058	0.135	»	0.90	⎰ Traverses de 1m 30 de long, et $\frac{0^m08}{0^m09}$ d'équarrissage.
Terrassement du chemin atmosphérique. .	0.010	0.060	4.000	1.00	

propos des aiguillages et croisements des wagons de terrassements.

MM. Suc, Chauvin et Cie emploient pour leurs voies le rail à patin R (fig. 282), dit *rail vignole*, de petit échantillon. Ce rail est fixé aux traverses T en bois par des petits coussinets en fonte *c* fixés avec des vis à bois *v*. Ce système a été reconnu meilleur que l'ancien mode de fixer les rails avec des crampons en fer qui se cassaient quelquefois et faisaient fendre le bois lorsqu'on les y enfonçait.

Avec des calibres en fer portant deux entailles dans lesquelles entre le boudin du rail, un manœuvre complètement étranger à la pose des voies de fer arrive, avec la plus grande facilité et rapidement, à poser les voies dont nous parlons.

Les rails sont reliés entre eux par une éclisse E (fig. 279), et deux boulons *b*. Cette éclisse pénétrant dans le vide formé par la saillie du boudin et celle du patin relie solidement le tout.

Il n'y a aucune comparaison à établir entre ce système de chemin de fer et ceux que nous venons d'examiner et qui sont formés, les uns par de simples bandes de fer posées sur champ dans les entailles des traverses et maintenues par des coins en bois, les autres par des bandelettes minces posées à plat sur des longrines. Car, que peut-on chercher dans un chemin de fer ? A transporter le plus facilement possible, au moyen d'un chariot, un poids donné. Or, qu'arrive-t-il avec un rail formé d'une barre plate posée sur champ ? Cette barre, dont le poids doit être réduit en vue de la dépense, est toujours mince et varie de 10 à 15 millimètres. Cette barre, placée de champ, résistera

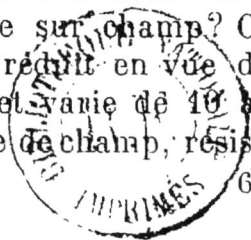

Terrassier. — *Tome I.* 6

suffisamment à la charge verticale si les traverses
sont convenablement espacées ; mais ces traverses
seront toujours trop éloignées pour empêcher le
fer de fléchir dans le sens de la largeur sous la
pression latérale du boudin des roues. De là, une
déformation de la voie qui serpente. C'est en effet
ce qu'on remarque dans toutes les petites voies
ainsi formées. Ce chemin devient donc ondulé de
droit qu'il était lors de la pose. Mais cette ondula-
tion augmente l'effort de traction, car il y a continuellement frottement énergique des boudins des
roues entre les rails, ce que l'on traduit par les mots
mouvement de lacet. D'où ces conséquences inévitables : augmentation de l'effort de traction, usure
rapide des roues et des rails. Ces derniers s'écrasent
et s'exfolient. Un autre inconvénient se produit.

Le rail étant plat en dessus et étroit ne tarde pas,
comme nous l'avons indiqué, à creuser la jante de
la roue qui se trouve bientôt transformée en poulie
à gorge. Le frottement augmente alors dans une
proportion considérable et il faut changer les roues
autant à cause de cette difficulté de traction qu'en
raison de l'usure de la jante.

D'un autre côté, il faut que les traverses soient
épaisses à cause de l'entaille qui reçoit le rail pour
que celui-ci ne déverse pas ; il faut également con-
fectionner des coins bien faits et coûtant cher.
Lorsqu'on enfonce ce coin, on agit sur l'extrémité
de la traverse que chaque coup de maillet ou de
marteau tend à séparer du reste, le fil du bois étant
coupé. Pour éviter cet inconvénient, les traverses
doivent être très longues et le coin peu serré ; mais
la trépidation continuelle qui se produit sur le

passage du wagon fait desserrer ce coin qu'il faut enfoncer à nouveau et toujours. Un autre défaut est celui-ci : les traverses sont entaillées et rendues faibles précisément à l'endroit où elles doivent résister le plus, et en raison du peu d'épaisseur du rail qui ne porte que sur une petite surface, le bois est mâché au fond de l'entaille, le coin se desserre et le rail se gauchit.

Tous ces inconvénients doivent donc faire rejeter ce système de chemin de fer auquel, du reste, on paraît renoncer généralement.

Quant à celui de bandelettes plates fixées sur longrines et que nous venons d'examiner, nous n'insisterons pas ; il est encore plus mauvais, car ce n'est pas un chemin de fer, c'est un chemin de bois garni de fer ; le moindre de ses inconvénients est de pouvoir blesser grièvement, comme on en a des exemples, les hommes chargés de manœuvrer les wagonnets. En effet, les bandelettes sont fixées par des vis ; lorsque la roue se trouve entre deux vis, elle cherche évidemment à les arracher, ce qui ne tarde pas à se produire. On ne peut les remplacer parce que le trou du bois est trop grand ; mais ce qui arrive fréquemment, c'est que c'est la vis de l'extrémité qui est arrachée. Alors, le bout de la bandelette se lève de plus en plus, et il peut arriver que la roue du wagon buttant contre l'extrémité de la bandelette relevée, l'arrache et la rejette de côté, pouvant ainsi blesser très grièvement l'homme qui pousse le wagon, surtout si celui-ci roule avec rapidité.

Ces inconvénients ne se présentent pas avec la voie que nous venons de décrire.

Le patin et le boudin sont larges et l'âme est
mince, parce que dans cet endroit le fer ne tra-
vaille pas ou peu. Ces rails se comportent sous la
charge comme du fer à double T. Ils peuvent donc,
sous un poids égal, porter une charge beaucoup
plus considérable que les rails formés de barres
de fer sur champ. En raison de la largeur du patin,
ils résistent à la poussée latérale du boudin des
roues et ne se déforment pas. La partie inférieure
qui sert de chemin de roulement étant légèrement
arrondie et large, ne creuse pas les roues et leur
laisse toute liberté d'action avec le jeu nécessaire.
Les traverses peuvent être très courtes, étroites et
minces, la surface du patin du rail qui repose
dessus étant très grande.

Tournants. — Pour donner aux vagons des
directions différentes, on se sert de courbes ou de
plates-formes tournantes dans l'exploitation des
chemins de fer. Mais dans les terrassements, il
n'est pas possible de se servir de ces appareils qu'il
deviendrait trop coûteux de déplacer.

On emploie un appareil appelé *tournant* qui se
compose de deux rails parallèles écartés de la largeur de la voie et fixés en leur milieu dans deux
coussinets reposant sur une traverse.

Cette traverse, elle-même munie en son milieu
d'un pivot, repose sur une autre traverse qui est
armée d'une crapaudine recevant le pivot de la
traverse supérieure.

Les deux rails sont ainsi placés en porte-à-faux.
On emploie ce tournant aussi bien pour les terrassements que pour les travaux d'ensablement.

Lorsqu'on se sert de cet appareil dans les travaux

de terrassements, les deux rails mobiles font partie
de la voie, et lorsqu'on veut faire changer de direction le tournant sur lequel on a préalablement
placé un vagon, on fait tourner la traverse supérieure sur son pivot.

Pour donner plus d'assiette et de solidité au système, on entretoise les deux rails aux deux extrémités, dans la position normale du tournant, sur
des traverses recevant la continuation de la voie.

Il arrive souvent qu'on a besoin, lorsqu'une voie
définitive est posée, de faire passer des wagons
d'ensablement ou d'entretien sur une voie d'équerre,
soit de service, soit de remisage.

On place alors le tournant sur la voie posée, de
façon à ce que la traverse supérieure repose sur
les rails définitifs.

Il en résulte, entre la voie posée et les rails du
tournant, une différence de niveau.

Cette différence se rachète au moyen de cales en
bois dont l'inclinaison est, à vrai dire, assez forte,
mais qu'il est possible de faire franchir à un vagon
qui, généralement, est vide.

Il est seulement nécessaire de donner à la voie
de garage un niveau semblable à celui du tournant,
à moins qu'on ne préfère se servir du moyen
employé pour racheter la différence de niveau
entre les voies définitives et les rails du tournant.

Lorsqu'on veut rendre libres les voies définitives,
on enlève le tournant avec facilité, et en quelques
instants la voie principale est débarrassée.

Il est très aisé de faire tourner, sur ces appareils,
des vagons pesant, tout chargés, 4,000 kilog., et
cette manœuvre dirigée par des ouvriers habiles

6.

s'opère avec autant de facilité et de promptitude
que si l'on employait des plaques tournantes de
chemins de fer.

Changements et croisements de voies

Les changements de voie de terrassement ont un
caractère plus ou moins provisoire.

Lorsque ces changements de voie sont établis
sur le point de chargement et sur le point de déchargement, c'est-à-dire lorsqu'ils sont soumis à
des dérangements continuels, ils sont construits de
façon à être aussi légers que possible, à pouvoir
être transportés aisément et à être mis en place
très promptement.

Ils sont, au reste, établis dans les mêmes principes que les changements de voie définitifs.

Les figures 107, 108, 110, représentent un changement de voie qui a servi aux terrassements du
chemin de fer de Saint-Germain.

Sa construction ne permettait pas de le faire
changer souvent de place.

Pour ne pas interrompre la circulation sur la
voie principale, on introduisait entre les traverses
d'autres traverses devant supporter la voie oblique.

Lorsque ces traverses étaient posées, on enlevait
les rails de la voie principale et on les remplaçait
par les aiguilles mobiles.

On agissait de même pour le croisement et pour
la voie oblique comprise entre le changement et le
croisement. Les aiguilles mobiles étaient mues
avec des pinces.

Les figures 111, 112, 113, 114, 115, 116, 119 représentent un changement de voie plus simple et

les détails du changement, du croisement et du levier.

Les aiguilles mobiles et fixes sont en fer forgé et fixées sur des plaques en fonte.

L'appareil est placé sur un cadre en bois qu'il suffit de venir poser sur les traverses du chemin de fer écartées dans ce but.

Ce système est étudié de façon à se combiner avec les longueurs des rails définitifs et peut être déplacé avec beaucoup de facilité.

Les angles de déviation et de croisement sont beaucoup plus grands dans les appareils qui doivent être soumis à de fréquents déplacements, et la raison en est simple : plus l'angle est grand, plus l'appareil est court et plus il est facile à transporter.

Nous donnons aux figures 120, 121, 122, un détail de changement et un détail de croisement ayant servi aux terrassements du chemin de fer du Nord, section de Douai.

Le croisement est combiné comme nous venons de l'exposer et peut s'adapter très aisément : le changement est fait en rails définitifs et se compose de deux rails mobiles.

La figure 123 représente un changement de voie provisoire ayant servi au chemin de fer de Bordeaux.

La figure 117 représente un changement à trois voies dont le changement et les croisements, formés de cadres, sont très transportables et se combinent aisément avec des rails définitifs. Le mouvement des aiguilles mobiles peut se faire avec la pince, au lieu du levier que nous avons indiqué.

On pourrait, en rails provisoires, établir un changement à trois voies plus court, plus facile à déplacer, quoique possédant les mêmes appareils. Le système de croisement à deux et trois voies (fig. 278), avec aiguillage, de MM. Suc, Chauvin et Cie, est celui qui nous paraît le mieux se prêter à la pratique des chantiers. Nous l'avons examiné, à l'île de Billancourt, où cette maison, qui s'était fait une spécialité pour ce genre de matériel et d'installation, avait établi un chemin de fer de 200 mètres de longueur et disposé suivant tous les cas qui peuvent se présenter dans ces sortes d'installations. Aiguillages à deux et trois voies, amorces, plaques tournantes, voie droite et courbe régulière (fig. 281), ou en S, voie mobile droite et courbe, et divers vagons automatiques très ingénieux dont nous donnons plus loin la description.

Les aiguillages à deux et trois voies de MM. Suc et Chauvin sont aussi simples que commodes. Ils se composent (fig. 278 à 280) de trois pièces de fonte, savoir : un porte-aiguille B, un contre-aiguille B', un croisement A. Une seule aiguille i en fer suffit pour la manœuvre qui, réduite à la plus simple expression, se fait soit avec la main, soit avec le pied.

Sur les trois pièces de fonte se trouvent les contre-rails qui forcent la roue à suivre la direction que la position de l'aiguille indique.

Les rails des aiguillages ne sont pas coupés en biais aux extrémités ; ils restent à section droite sans aucun travail spécial. Suivant leur position, les uns sont droits, les autres sont courbés. Une courbe de 10 mètres de rayon moyen seulement est celle qui est employée pour la voie habituelle de 0,80. Ces aiguillages se posent avec la plus grande facilité.

Pour certains services, MM. Suc et Chauvin suppriment une grande partie de la voie qui serait nécessaire et la remplacent par une voie mobile composée de châssis mobiles de trois mètres de longueur facilement maniables et transportables par deux hommes (fig. 281). On pose une voie fixe qui part du point où les vagons doivent arriver et qui se prolonge jusqu'à l'extrémité la plus éloignée du dépôt des matières à transporter.

Tous les 8 à 10 mètres se trouvent des aiguillages à deux ou trois voies, selon qu'on veut partir de ce point, dans deux ou trois directions. Ces aiguillages forment les amorces des voies mobiles qui peuvent se poser dans toutes les directions.

Ces châssis mobiles de voies droites ou courbes ont cinq traverses larges, afin de pouvoir poser la voie sur n'importe quel sol. Les madriers de sapin du commerce conviennent parfaitement ; ils sont larges de 0,22 et légers. Les deux rails sont posés sur les traverses, de façon que, à une extrémité du châssis, les rails sont en retraite et que de l'autre, au contraire, ils sont en saillie, afin que le bout en saillie vienne se reposer sur la partie libre de la première traverse du châssis suivant. Cette voie est éclissée pour empêcher sa déformation pendant le service. Deux bandes de fers plats sont fixées avec des vis à bois sur les traverses, en forme de croix de Saint-André, de manière à relier le tout.

Voies de service formées avec rails définitifs

Les voies formées avec des rails définitifs présentent une solidité beaucoup plus grande que celles où l'on emploie des rails provisoires ; elles peuvent supporter des charges plus grandes et surtout des locomotives, elles sont d'un entretien moins dispendieux et les frais de traction sont moindres.

Il faut ajouter que les chances d'accident sont amoindries et que les voies étant plus solidement établies permettent d'économiser beaucoup sur l'entretien du matériel.

Nous donnons au chapitre traitant des chantiers de terrassement les motifs qui font employer les rails définitifs et les avantages qu'on en retire.

Dans la construction du chemin de fer de Lille à la frontière de Belgique, l'administration des ponts et chaussées faisait payer la pose provisoire à raison de 0,75 le mètre courant, dans les conditions suivantes :

Le terrain était régalé.

Les rails pesaient 30 kilog. le mètre courant et étaient fournis à l'entrepreneur.

Les coussinets, traverses, chevillettes, coins, étaient également fournis.

Les traverses étaient en chêne et espacées de 1 mètre à 1,25.

Le transport à 1,500 mètres en moyenne, le chargement, déchargement, bardage, sabotage, pose et dressage, étaient à la charge de l'entrepreneur.

La pose de voie définitive a eu lieu à raison de 0 fr. 87 le mètre courant.

Ce prix ne comprend pas l'entretien qui est géné-ralement très coûteux pendant les premiers temps, mais qui est très variable suivant la saison, le temps, la nature du terrain, le plus ou moins d'im-portance des terrassements et le degré d'activité de la circulation.

Dans des circonstances peu favorables, l'entre-tien d'un mètre courant de voie, pendant le pre-mier mois, peut aller à 0 fr. 40.

Le prix de pose de la voie, entre un appareil de changement de voie et de croisement de voies, doit être augmenté de 50 pour 100 et même davantage, lorsque les raccordements offrent des difficultés.

Au chemin de fer de la rive gauche, la pose de 8,552 mètres de voies linéaires, entre Bellevue et Versailles, fut comptée à raison de 1 franc par mètre courant, y compris l'entretien pendant trois mois.

Au chemin de fer de Creil à Saint-Quentin, la pose de voie définitive, les matériaux étant fournis à pied d'œuvre, fut faite à raison de 0 fr. 60 le mètre courant.

L'entretien était fixé à 6 fr. par jour et par kilomètre.

Au chemin de fer de Paris à Strasbourg, les ter-rassements ont été exécutés par des entrepreneurs sous les ordres des ingénieurs des ponts et chaussées.

La compagnie adjudicataire était chargée du ballastage et de la pose de voie définitive.

Quelques entrepreneurs louent des rails définitifs et des coussinets à la compagnie à raison de 5 fr. le mètre courant de simple voie.

CHAPITRE IX

Matériel roulant

—

BROUETTES

TOMBEREAUX, VAGONS DE TERRASSEMENTS

Nous avons examiné les divers véhicules de transport au point de vue de leur emploi, suivant la distance de transport. Nous allons maintenant les décrire et les étudier, au point de vue de leur construction, de leur entretien et de leur dépréciation.

On attribue à Pascal l'invention de la *brouette*.

Il est douteux que les anciens l'aient connue, quoique Hygin parle d'une voiture à une seule roue qu'il appelle *una rota*.

Quoi qu'il en soit, la *brouette* terrassière est généralement en usage dans tous les chantiers de terrassement.

Un chantier de terrassement dans lequel les terres doivent être transportées en brouettes, est toujours composé de *piocheurs*, de *chargeurs* et de *rouleurs*.

Il est nécessaire, pour qu'il n'y ait pas interruption dans le travail, que le chargeur trouve toujours une brouette vide à charger, et que le rouleur trouve toujours une brouette pleine à rouler.

Pour qu'il y ait régularité dans le travail, il faut donc que le temps que restera le rouleur à transporter une brouette pleine, à une distance x, et à amener à cette distance x une brouette vide, soit le même que celui qu'emploiera un chargeur à charger une brouette.

La distance à laquelle le rouleur devra transporter sa brouette, est appelée un *relai*, et est égale à la moitié de la distance qu'il parcourt, pendant que le chargeur charge une brouette.

La longueur du relai dépend donc de la capacité de la brouette.

Il existe des brouettes de différentes capacités ; cependant, celle qui est le plus en usage, cube environ 0,0333.

Chaque rouleur doit donc parcourir son relai avec une brouette pleine, la déposer à l'extrémité du relai, et ramener une brouette vide à son point de départ.

De cette façon, les terrassiers ne se gênent pas dans leurs mouvements, et il n'est pas nécessaire de donner une grande largeur à la surface du roulement.

Cette surface étant généralement établie sur des terres rapportées, on y jette des planches qui facilitent le roulage.

Il résulte des diverses observations :

1° Que le nombre de relais est égal à la distance de transport divisé par 30 ;

2° Qu'il faut autant de rouleurs qu'il y a de relais ;

3° Qu'un seul chargeur suffit à une brigade de rouleurs ;

4° Qu'il faut autant de brouettes que de chargeurs et de rouleurs.

Si on admettait des brouettes de dimensions

autres que celles que nous avons indiquées, il faudrait changer la longueur des relais.

Il y a avantage à augmenter la capacité d'une brouette, puisque la longueur du relai en devient moindre, et que la difficulté de rouler augmente d'une façon presque insensible, tandis que l'ouvrier peut, dans sa journée, transporter les 15 mètres cubes de terres, en parcourant une distance totale beaucoup plus petite.

Cela posé, il est facile de trouver le prix de transport d'un mètre cube de terre, à une distance de 30 mètres.

Brouette terrassière

On a souvent cherché à modifier la brouette terrassière (fig. 276), mais les divers changements qu'on y a introduits en France, portaient toujours sur un déplacement du centre de gravité de la charge.

Ces modifications n'ont pas été goûtées, et la brouette française sur l'ancien modèle, a continué à être en usage.

Cette brouette donne des résultats satisfaisants dans le transport ordinaire des terres, et nous la croyons établie dans de bonnes conditions.

On a cherché à rapprocher le centre de gravité de la charge de l'axe de la roue, afin de diminuer le poids qui porte sur les bras de l'homme ; mais ce système qui pourrait être excellent, si le chemin parcouru était uni et horizontal, devient très pénible pour le terrassier, lorsque le sol est peu résistant, encombré de pierrailles, et souvent en rampe, ce qui, à vrai dire, est le sol habituel des chantiers.

Le poids se reportant alors tout entier sur la roue, et l'effort horizontal que peut exercer le rouleur étant très faible, il en résulte une impossibilité absolue de faire avancer la brouette.

Il est facile, du reste, de se rendre compte de l'avantage qui existe à ne pas rapprocher la charge de la roue, en examinant les mouvements du rouleur qui rencontre des obstacles, ou qui monte une rampe.

Il baisse les brancards autant que cela lui est possible, ramène le plan de la brouette au plan qu'il a à franchir, et reporte sur ses bras toute la charge.

Cette manœuvre lui permet de surmonter les obstacles que sa brouette rencontre.

Les dispositions de la brouette terrassière peuvent donc être considérées comme bonnes, lorsqu'elle est appliquée au transport des terres d'un lieu à un autre, et lorsqu'il est possible de retourner la brouette pour la décharger, ce qu'on est obligé de faire.

Mais, lorsqu'une excavation a lieu au moyen d'une suite de vagons placés sur une voie, et jusqu'à hauteur de la surface supérieure des vagons, la tranchée se poursuit latéralement, et les terres enlevées à la brouette sont amenées et jetées directement dans les vagons.

La brouette terrassière ne pouvant être déchargée qu'en la renversant, on est obligé de placer des planchers sur les vagons, et de leur donner une grande surface.

Aussi, pour éviter ces frais, décharge-t-on ces terres au bord du vagon, ce qui grève le prix du mètre cube d'un jet de pelle.

Brouette anglaise

La brouette anglaise (fig. 271) n'a pas cet inconvénient.

Les parois de la caisse sont extrêmement évasées et leurs extrémités sont à une très faible hauteur au-dessus du fond.

Le centre de gravité par rapport à la roue, se trouve dans les mêmes dispositions que dans la brouette française.

Les avantages sont :

1° Que la surface de la brouette étant plus grande, le centre de gravité se trouve placé plus bas ;

2° Qu'il suffit d'incliner la brouette à 45° pour la décharger ;

3° Que cette opération peut avoir lieu sur une simple planche ayant une très faible largeur, et sans que l'homme soit obligé, ou de se déplacer, ou de quitter les brancards.

Un inconvénient de la brouette anglaise et qu'il faut signaler, est l'écartement des brancards.

La brouette anglaise est munie d'une roue en fonte, au lieu d'une roue en bois.

La roue de la brouette française est en bois, et sa jante a 0,05 de largeur et est plate.

Cette disposition est vicieuse, en ce qu'elle nécessite de grands efforts de la part du rouleur pour vaincre les difficultés causées par l'agglomération de terres et de pierres, produite par la forme même de la jante, cependant, elle a l'avantage, à cause de sa large base, de ne pas s'enfoncer dans le terrain.

La roue de la brouette anglaise, qui est du même

liamètre que la roue de la brouette française, est munie d'une jante qui n'a que 0,025 de largeur, et qui a une forme arrondie.

Cette jante écarte devant elle la terre et les pierres qui se trouvent sur son passage, et le roulage reste toujours le même.

Cette roue présente pourtant un inconvénient, c'est qu'elle ne peut rouler que sur des terrains résistants ou des planches.

La capacité de la brouette française est la même que celle de la brouette anglaise ; il est pourtant possible d'en augmenter la capacité, sans qu'il y ait besoin d'augmenter d'une manière sensible l'effort nécessaire au roulement.

Il serait à désirer que cette brouette fût adoptée dans les chantiers de terrassements, où elle rendrait de grands services.

Dans les travaux des chemins de fer de Rouen, du Havre, et dans ceux enfin qui ont été exécutés par les entrepreneurs anglais, on a fait un grand usage de ces brouettes.

Nous donnons, aux fig. 271, 274, 276, une brouette terrassière, une brouette anglaise, et une brouette anglaise d'un autre modèle, munie d'une roue en fonte à jante plate et large.

Cette brouette a servi aux terrassements du chemin de fer du Nord.

Transport au tombereau

La capacité des tombereaux varie suivant les pays où ils sont employés ; mais en général, elle dépend de l'état des chemins qu'ils doivent parcourir, et de la vigueur des chevaux qui y sont attelés.

Ainsi, lorsque les chemins sont peu praticables et susceptibles d'une prompte détérioration, que les chevaux sont faibles et mauvais, la capacité des tombereaux est de 5 hectolitres.

Lorsqu'au contraire les routes sont bonnes et bien empierrées, que les chevaux sont forts et vigoureux, la capacité habituelle des tombereaux est fixée à 8 hectolitres.

Nous avons examiné les avantages du transport au tombereau sur le transport à la brouette, lorsqu'il a lieu à grandes distances.

Il est nécessaire de combiner le nombre des tombereaux à employer et le nombre de terrassiers nécessaires pour les charger, de façon à ce que chaque tombereau arrivant vide de la décharge remplace un tombereau plein, au moment même de son arrivée.

De cette façon, les chargeurs seront toujours occupés, et les chevaux produiront le maximum de travail effectif.

Il ne faut pas que la durée du chargement de chaque tombereau excède le quart de la durée d'un voyage, aller et retour.

Nous admettons qu'un terrassier charge dans un tombereau 15 mètres cubes de terre dans une journée de dix heures, il restera donc $\frac{10}{15}$ d'heure à charger un mètre cube, c'est-à-dire $\frac{600}{150} = 4$ minutes à charger un hectolitre de terre dans un tombereau.

En appelant c la capacité du tombereau en hectolitres, un terrassier qui reste quatre minutes à charger un hectolitre, restera $4c$ minutes à le charger seul en entier.

Si nous appelons n le nombre des terrassiers qu'on emploierait à le charger, la durée du chargement du tombereau serait de $\dfrac{4c}{n}$ minutes.

Le nombre des chargeurs ne peut être au-dessus de 4, parce qu'en augmentant le nombre, on risque de les gêner dans leurs mouvements ; il est admis du reste, que le charretier serve de chargeur et complète le nombre nécessaire.

La durée de chargement d'un tombereau dont la capacité est de 5 hectolitres, lorsque le nombre des chargeurs est de 4, charretier compris, est de :

$$\frac{4 \times 5}{4} = 5 \text{ minutes}$$

Lorsque le nombre des chargeurs est de 3, la durée est de :

$$\frac{4 \times 5}{3} = 6\frac{2}{3} \text{ minutes}$$

Lorsque le nombre des chargeurs est de 2, la durée est de :

$$\frac{5 \times 5}{2} = 12\frac{1}{2} \text{ minutes}$$

De même, avec une capacité de 8 hectolitres, on a les durées suivantes :

Avec 4 chargeurs :

$$\frac{4 \times 8}{4} = 8 \text{ minutes}$$

Avec 3 chargeurs :

$$\frac{4 \times 8}{3} = 10\,\frac{2}{3} \text{ minutes}$$

Avec 2 chargeurs :

$$\frac{4 \times 8}{2} = 16 \text{ minutes}$$

Avec 1 chargeur :

$$\frac{4 \times 8}{1} = 32 \text{ minutes}$$

Les meilleures conditions seront celles dans lesquelles on aura employé 4 chargeurs, si toutefois
on possède assez de tombereaux, en raison de la
distance à parcourir. Pourtant, le nombre des
chargeurs dépend du nombre de relais à parcourir ;
ainsi, à mesure que la distance de transport augmente, au delà d'une certaine limite, il devient
avantageux d'employer moins de chargeurs. Nous
renvoyons nos lecteurs, à la fin du chapitre des
transports, aux tableaux de comparaisons entre les
différents transports.

Nous avons vu qu'un tombereau restait 42 minutes
dans un transport de 1,000 mètres, pour l'aller, le
retour et le temps du déchargement.

En divisant ce nombre par le temps nécessaire
au chargement d'un tombereau, on obtiendra le
nombre de tombereaux à employer dans un transport de 1,000 mètres, avec un nombre de chargeurs
donné.

Ainsi, avec 3 chargeurs et le charretier, il faudra :

$$\frac{42}{5} = 8\,\frac{2}{5} \text{ tombereaux de 5 hectolitres}$$

soit 17 tombereaux pour 7 chargeurs et le charretier.

Avec 3 chargeurs et le charretier, il faudra :

$$\frac{42}{8} = 5\frac{1}{4} \text{ tombereaux de 8 hectolitres}$$

De cette façon, l'atelier sera organisé dans des conditions de bon travail et d'économie.

Au moyen de toutes ces données, on pourrait obtenir, comme nous l'avons déjà fait, le prix de transport du mètre cube de terre en tombereaux, à 1,000 mètres de distance.

Tombereaux

Le tombereau dont on se sert le plus généralement dans les terrassements, est le *tombereau à bascule* (fig. 143).

Dans la construction des tombereaux, il faut considérer ceux qui sont soumis aux règlements administratifs, et ceux qui sont abandonnés au discernement des constructeurs ou entrepreneurs.

Pour ceux qui sont soumis aux règlements administratifs, le tableau de la page suivante donne le poids maximum des voitures, charges comprises, tels qu'ils ont été consignés dans le projet de loi sur la police du roulage, présenté à la chambre des Pairs, et adopté par elle dans la séance du 15 février 1844.

Il est accordé une tolérance de 0^m005 sur la largeur des bandes des roues, lorsque cette largeur sera de 0^m12 et au-dessous, et une tolérance de 0^m01, sur les largeurs de 0^m14 à 0^m17. Il est en outre accordé une tolérance de 200 kil. sur le poids des voitures.

7.

Voitures de roulage à deux roues		
Largeur des jantes	non suspendues et allant au pas	
	Du 20 novembre au 1er avril	Du 1er avril au 20 novembre
m.	kil.	kil.
0.06	1.300	1.500
0.07	1.900	2.200
0.08	2.200	2.600
0.09	2.500	2.900
0.10	2.800	3.300
0.11	3.100	3.600
0.12	3.400	4.000
0.14	4.000	4.600
0.17	4.800	5.600

Saillie des moyeux. — L'ordonnance royale du 29 octobre 1828 a prescrit que la saillie des moyeux n'excéderait pas de 0m 12 un plan passant par la face extérieure des jantes.

Grandeur des roues. — Il est démontré, par les principes de la statistique et par l'expérience, que les grandes roues offrent moins de résistance que les petites pour passer sur les obstacles.

Il est prouvé aussi que, plus le rapport entre le diamètre de la roue et celui de l'essieu est considérable, et moins il y a de frottement sur l'essieu.

De ces principes on déduit que, la grosseur de l'essieu étant déterminée, en raison de la charge qu'une voiture doit supporter, il y a double avantage à augmenter la hauteur des roues. Mais, d'un autre côté, en faisant les roues très grandes, il arrive :

1° Qu'on augmente leur poids et qu'on diminue d'autant la charge utile traînée par les chevaux ;

2° Que le tirage des chevaux devient oblique, et qu'une partie de leur force est uniquement employée à presser la voiture contre le sol. Aussi, malgré les avantages qui viennent d'être mentionnés, les voitures à très grandes roues ne sont-elles employées que dans quelques circonstances extrêmement rares, et jamais pour les tombereaux.

Les roues des tombereaux sont construites en orme, à l'exception des *rais*, que l'on exécute en bois de chêne. Le cercle ou bandage s'exécute d'une seule pièce.

Boîtes en fonte. — Autrefois les essieux frottaient immédiatement sur le bois, comme cela a encore lieu dans les charrettes de la campagne ; on a ensuite placé dans l'intérieur des moyeux des cercles en fer ou gobeleaux de 5 à 6 centimètres de largeur, pour empêcher les trous de s'agrandir, mais cette disposition avait l'inconvénient d'user très vite les essieux et de les couper.

Enfin, on a adopté des boîtes en fonte qui supportent les deux extrémités de l'essieu, sur une longueur plus ou moins grande, et rendent l'usure plus égale et en même temps beaucoup plus lente.

Essieux. — Après les roues, la pièce la plus essentielle à considérer dans une voiture, est l'essieu.

C'est sur lui que repose la charge, et ce sont ses deux extrémités qui servent d'axes aux roues de la voiture.

Un essieu se compose de deux *fusées* coniques, ordinairement tournées, qui entrent dans le moyeu de la roue et du corps de l'essieu, habituellement de forme rectangulaire, sur lequel se placent les brancards de la voiture.

Les extrémités des fusées sont traversées par des chevilles en fer, ou elles sont garnies d'écrous taraudés, l'un à droite, l'autre à gauche, pour retenir les roues.

La grosseur des fusées décroît d'une ligne par pouce de longueur, à partir du collet de l'essieu jusqu'à l'*esse*, et leur axe fait avec l'horizon un angle de 2° 23', de manière que la génératrice qui s'appuie sur les boîtes est horizontale dans la position naturelle de la voiture. Par suite, les roues ne tournent point dans des plans verticaux, et leurs jantes sont elles-mêmes légèrement coniques, mais elles le sont si peu, que les roues n'en peuvent souffrir.

Les essieux sont en fer forgé ; on les fait de plusieurs barres de fer méplat de la meilleure qualité, qu'on forge ensemble, en ayant soin de diriger leur *champ* dans le sens de l'effort, qui se produit de bas en haut.

L'expérience a appris aux forgerons les dimensions qu'il faut donner aux essieux pour supporter une charge voulue. Ils doivent pouvoir supporter la voiture non seulement lorsqu'elle est en repos, mais encore quand elle est en mouvement : ce qui est bien différent, car dans le premier cas, il y a une simple pression, dans le second cas, il y a pression et percussion sans cesse répétée, et qui s'accroît avec le mauvais état du chemin.

Attelage. — L'attelage usité pour les tombereaux, est l'attelage en flèche ; il se compose d'un
nombre plus ou moins considérable de chevaux
placés sur une seule ligne de traits qui, s'accro-
chant d'un collier à l'autre, transmettent la somme
de tous leurs efforts aux extrémités des limons où
aboutissent les traits de l'avant-dernier cheval,
appelé cheval de cheville ; le limonier qui est
immédiatement contigu à la voiture, agit de la
même façon sur le tombereau, à l'aide de deux
traits qui, partant de son collier, vont s'attacher
sous les brancards plus loin. Il existe dans ce mode
d'attelage, 0m 30 à 0m 50 à un mètre d'intervalle
entre les chevaux ; les colliers sont à 2m 50 les uns
des autres.

Dépense des chevaux. — L'on admet que le prix
moyen des chevaux employés à traîner les tombereaux est de 360 fr. ; que ces chevaux servent pendant six ans, et qu'ils sont ensuite revendus pour
60 fr. Ainsi, ils éprouvent une diminution de valeur
de 300 fr., qui se réduit à 50 fr. pour chaque
année. En ajoutant à cette somme l'intérêt du prix
de l'achat, on a une dépense annuelle de 68 fr., et,
pour chacun des 365 jours de l'année, une dépense
de. . . . .   0 fr. 19
    La nourriture du cheval peut être éva-
luée à   3   »»
    L'entretien des harnais et son ferre-
ment à.   0   21
                 Total. . . . . . .   3 fr. 40

Tombereau Peyronnet. — On a cherché à modifier la construction des tombereaux, mais jusqu'à

ce jour les recherches n'ont rien amené de préférable à ceux qu'on emploie journellement. La figure
126 représente un tombereau construit dans le
genre d'un Peyronnet.à mortier, et qui a été employé avec peu de succès sur le chemin de fer
de Versailles ; il est très compliqué et coûte fort
cher.

Tombereau anglais. — Lors de la construction
du chemin de fer du Nord, nous avons vu dans les
environs de Pontoise, des tombereaux employés
par des entrepreneurs anglais et construits d'une
façon toute particulière. Ces tombereux (fig. 239)
étaient à trois roues ; l'essieu portant les deux
grandes roues était en bois de frêne, ses tourillons
étaient garnis de tôle de 2 millimètres seulement
sur la moitié de la circonférence. Les jantes des
roues étaient munies de fer de $0^m 013$ d'épaisseur.
La roue de devant était montée à la manière d'une
brouette terrassière. Le basculement s'opérait entre
ces deux systèmes de roues, à peu près à la manière
du tombereau français. Ce système de tombereau
à trois roues sans train pour changer de direction,
occasionna la rupture de tous les moyeux en bois
de la roue de devant. Ces tombereaux n'ayant pas
de limons, les chevaux s'attelaient indistinctement
devant et derrière, et pour approcher le tombereau
à la décharge, ils étaient obligés de descendre sur
le remblai. Ces tombereaux étaient lourds ; ils ont
été abandonnés avant l'achèvement du travail.

Vagons de terrassement

On donne le nom de vagons de terrassement à
des véhicules roulant sur des voies de fer provisoires

ou définitives, et employés spécialement pour le transport des terres.

Au commencement de la construction des che mins de fer en France, les entrepreneurs ne possé daient pas de vagons de terrassement ; aussi les compagnies les firent-elles exécuter à leurs frais sur des modèles adoptés en Angleterre.

Le matériel des entrepreneurs s'étant accru en raison des travaux qui ont depuis été entrepris, les vagons de terrassement font maintenant partie du matériel de l'entrepreneur qui exécute les travaux de terrassement.

Aussi pour se conserver la facilité de les vendre aisément, ou de les faire servir au ballastage ou à d'autres travaux, leur a-t-on donné généralement la même voie, 1,44, c'est-à-dire, la voie adoptée dans les chemins de fer.

Un vagon de terrassement se compose de la caisse, du châssis, et de deux paires de roues avec leurs essieux.

La caisse des vagons de terrassement est habi- tuellement mobile autour d'un axe, et peut se renverser, soit en avant, soit de côté ; aussi dis- tingue-t-on les *vagons devant* et les *vagons de côté*.

Il est aussi des vagons qui peuvent par une dis- position particulière, se renverser en avant et de côté à volonté.

Les vagons de terrassement doivent être d'une construction simple et d'une solidité en rapport au service auquel on les destine, et de façon à néces- siter le moins possible de réparations.

Lorsque les vagons doivent être employés sur des plans inclinés, il est indispensable qu'ils soient

construits très solidement, pour résister aux chocs
qu'ils sont susceptibles de recevoir, et qu'ils soient
munis de freins.

Les mêmes précautions de solidité doivent être
prises, lorsque ces vagons doivent servir au déblaiement d'une grande tranchée, dans laquelle les terres
sont jetées d'une grande hauteur.

La hauteur d'un vagon de terrassement au-dessus
des rails ne doit pas dépasser $1^m 65$, y compris les
parois latérales de la caisse, pour qu'un homme de
taille moyenne puisse le charger facilement.

Les vagons destinés à être traînés par des chevaux doivent être plus légers que ceux traînés par
des locomotives.

L'angle de versement ne doit pas être moins de
$45°$; il convient que les terres les plus adhérentes,
les terres humides et argileuses, se détachent par
l'effet même de la gravité, sans qu'il soit besoin
de recourir à la pioche pour aider au déchargement.

La charge doit être à peu près également répartie
sur les quatre roues ; cependant, le côté de l'axe
opposé au renversement doit être plus chargé d'une
trentaine de kilogrammes, afin que la caisse n'oscille pas dans la marche du vagon et ne se renverse
pas elle-même.

Cette surcharge suffit pour que les ouvriers puissent le faire basculer aisément du côté du renversement.

Caisse. — La caisse a la forme d'une pyramide
quadrangulaire tronquée, renversée ; l'inclinaison
des parois aide au glissement des terres lors du
renversement.

Les parois verticales des caisses doivent être en chêne, celle du fond est en sapin ou en peuplier ; toutefois, il convient de lui donner une forte épaisseur, car le fond doit résister au choc des pierres qu'on peut y jeter dans le déblaiement des tranchées où se rencontrent des matières calcaires.

Les planches du fond doivent être disposées dans leur longueur, suivant la ligne de versement.

Il est nécessaire d'éviter, dans l'intérieur de la caisse, toutes saillies provenant de têtes de boulons, d'écrous, qui pourraient s'opposer au versement complet des terres. La partie de la caisse qui mérite une grande attention de la part du constructeur, est la porte.

Le mode le meilleur à employer pour diminuer les manœuvres, est de la fixer à la caisse par des charnières au lieu de la rendre indépendante comme dans les tombereaux ; on évite ainsi une manœuvre, qui est souvent impossible, par exemple au déchargement, à l'extrémité d'un remblai, et de plus en ayant soin par un mécanisme particulier et très simple, de donner pour direction à la porte ouverte le prolongement du fond de la caisse, on a l'avantage de jeter les terres à distance et de ne pas embarrasser le devant du vagon.

Il ne faudrait pas alors tomber dans la faute commise par des constructeurs anglais qui, ayant adopté des portes à charnières, les laissaient tomber verticalement, ce qui forçait à diminuer l'angle de renversement ; on faisait courir le risque de laisser les portes frapper sur les rails, aussi ne saurait-on soigner trop la construction de ces portes, qui doivent être d'une seule pièce et solidement ferrées.

On verra dans les dessins de vagons que nous donnons, différents modes de fermeture.

Les ferrures de la caisse doivent être forgées avec soin ; le fer doit être de bonne qualité.

Châssis. — Le châssis a la forme d'un cadre composé de deux longrines, assemblées à leurs deux extrémités avec deux traversines.

Une croix de Saint-André complète la construction du châssis.

Les assemblages des pièces de bois ont lieu au moyen de boulons et parfois de longs boulons réunissant les deux longrines viennent ajouter à la solidité du cadre.

Sur le châssis sont fixés des tasseaux qui reçoivent l'axe de rotation de la caisse.

Les deux longrines doivent être d'un fort équarrissage, car leurs extrémités servent de *heurtoirs* ou de *butoirs*.

Il a été construit des vagons de terrassement, pour lesquels le choc des vagons entre eux avait lieu sur la longrine de la caisse ; mais on conçoit combien ce système tend à détériorer promptement cette caisse, si elle n'est solidement construite.

Un soin tout particulier doit être donné à la fabrication du pivot de la caisse et de sa crapaudine.

Ces deux pièces ont à supporter des efforts considérables et des chocs très violents ; il est donc très utile d'employer de bonnes matières pour leur fabrication, et de leur donner des dimensions présentant toute sécurité.

L'attelage des vagons entre eux a lieu au moyen de chaînes.

Roues. — Les roues de vagons de terrassement doivent avoir un diamètre suffisant pour franchir sans difficulté les pierres et autres obstacles qui peuvent obstruer la voie, et pour qu'il ne soit pas trop difficile de mettre les vagons en mouvement.

Il est avantageux de donner aux roues un diamètre aussi grand que possible, pour diminuer la résistance au pourtour de la roue, car dans les voies provisoires destinées aux terrassements, cette résistance est d'autant plus considérable que les voies sont mauvaises et obstruées de matériaux et pierrailles.

En Angleterre, les roues de vagons de terrassements ont 75 centimètres de diamètre.

En France, on a presque généralement adopté le diamètre de 50 centimètres, parce que le prix de ces roues est moins élevé, et parce qu'il devient possible de surbaisser le centre de gravité du vagon.

Fabrication des roues

Quel que soit le diamètre des roues, on est dans l'habitude de les faire en fonte ; cependant il est nécessaire, si on ne veut courir le risque de voir les couronnes usées au bout de peu de temps, de les faire fondre en coquille.

Les entrepreneurs devront se rendre compte de la manière dont les fondeurs préparent les moules pour la coulée de leurs fontes.

Voici quelques explications qui les mettront à même de reconnaître si toutes les précautions ont été prises :

On divise les fontes en fontes *blanches* et fontes *grises*.

Les fontes blanches sont dures à travailler et cassent aisément ; elles contiennent une grande quantité de carbone.

Elles sont exclusivement employées à la fabrication du fer.

Les fontes *grises* se divisent en fontes *aigres* et fontes *douces* ; ce sont ces dernières que l'on emploie de préférence pour la construction des machines.

Leur cassure est grenue et elles se travaillent facilement au burin et à la lime.

En ayant soin de les maintenir à l'abri de l'air et de les laisser refroidir lentement, elles conservent leurs propriétés lorsqu'on les fond plusieurs fois.

La fonte grise, refroidie subitement, devient blanche, ce qui est un grand inconvénient lorsqu'on veut obtenir des pièces faciles à la lime et au burin ; mais on utilise cette propriété lorsqu'on fait des moulages dits en coquilles, moulages dans lesquels le sable est remplacé par un moule métallique qui blanchit la fonte que l'on y coule, et cela à une profondeur d'autant plus grande que le moule est plus épais et plus froid.

Au reste, la fonte grise qui a blanchi par refroidissement subit, remise au cubilot, coulée de nouveau et refroidie lentement, redevient grise.

Aussi les roues usées ou cassées se vendent à peu près au prix des gueuses.

Les roues de vagons se coulent à plat sur le sol en fonte de première fusion.

Un cercle en fonte de 10 centimètres d'épaisseur

et de la hauteur de la *jante* de la roue lui sert de moule, tandis que les bras et le moyeu sont moulés en sable vert.

La forme intérieure du moule métallique doit avoir la forme extérieure de la *jante* de la roue.

Avant la coulée, il faut avoir la précaution de séparer le moyeu en trois ou quatre parties au moyen de légères plaques de tôle placées dans le moule même.

Cette précaution a pour but de permettre le retrait de la fonte des bras ; en agissant autrement on risquerait infailliblement de les casser, à cause de la différence de refroidissement des diverses parties de la roue.

On rend au moyeu la solidité nécessaire en introduisant des cales en fer à la place des plaques de tôle, et en garnissant chaque côté du *moyeu* d'une *frette* en fer posée à chaud pour résister à l'action du calage (fig. 19 et 23).

Nous avons vu des roues de 0,75 avec jantes trempées en coquilles de 5 à 6 milimètres, avec des bras en fer plat de 0,08 sur 0,012, posés rouges dans le moule au moment de couler.

La largeur des jantes était de 0,115, et en déduisant 0,025 pour le rebord, il restait 0,09 pour la table.

La conicité de la roue était de $\frac{1}{20}$.

Ces roues reviennent à 30 fr. les 100 kilogr., soit 36 fr. la roue de 120 kilogr. renfermant 90 kilogr. de fonte et 30 kilogr. de fer.

Ces roues ont été employées dans les vagons à houille du chemin de fer de Roanne, ainsi que dans quelques vagons de terrassement du chemin de fer de Saint-Germain et de Paris à Strasbourg.

Les roues des vagons de terrassement ne sont pas cylindriques, mais légèrement coniques ; la surface extérieure de leur couronne est celle d'un tronc de cône dont la grande base, tournée du côté intérieur de la voie, est contiguë au boudin ou rebord saillant destiné à maintenir la roue sur le rail.

Les roues sont montées et calées sur des essieux qui reposent dans des boîtes à graisse fixées au châssis.

On comprend combien il serait désavantageux d'employer le système des essieux des voitures ordinaires, qui sont fixes dans le moyeu des roues et qui pivotent autour d'un axe.

Il est indispensable, dans une voie de fer, de conserver aux essieux qui composent un vagon leur parallélisme, sous peine de dérailler infailliblement, à moins de compliquer leur construction et de les fabriquer d'après le système Arnoux, ce qui serait trop dispendieux et inapplicable dans des vagons de terrassement.

Ce parallélisme des essieux est pourtant d'un mauvais effet dans les courbes, car le rail intérieur ayant un développement plus court que le rail extérieur, il s'ensuit pour les roues parcourant ce rail extérieur un glissement continuel équivalent à la différence des deux parcours.

Ce glissement augmente considérablement la résistance au pourtour des roues.

On a au reste obvié à cette difficulté, en donnant à la couronne de la roue une forme en tronc de sône et en laissant beaucoup de jeu entre le boudin de la roue et le rail.

Dans les courbes, la force centrifuge presse la roue extérieure contre le rail extérieur et la fait tourner sur son plus grand diamètre, tandis que la roue intérieure tourne sur son plus petit ; le glissement est de cette façon très amoindri, puisque les deux roues qui ont à parcourir des chemins inégaux tournent elles-mêmes sur des circonférences inégales en rapport avec les chemins.

Essieux. — Les essieux doivent être en fer de bonne qualité.

Ils sont simplement laminés ronds et l'on y soude des embases et des tourillons.

Ces essieux pèsent environ 53 kilogr.

Les fusées seules sont tournées. Dans les vagons français, les fusées sont placées en dehors des roues ; dans les vagons anglais, elles sont placées en dedans ; mais on comprend que dans ce dernier système, il est nécessaire de donner aux fusées un plus grand diamètre, parce qu'elles ont plus de chances de casser lorsque le rebord de la roue vient à frotter vivement contre le rail.

Boîtes à graisse. — Les boîtes à graisse ou coussinets sont en fonte d'une seule pièce.

Leur diamètre doit être un peu plus grand que celui des fusées, et lorsque leur surface concave s'use, il faut avoir grand soin de la retoucher, afin d'empêcher qu'elle ne serre la fusée latéralement, ce qui rendrait les frottements très durs et ferait inévitablement chauffer les boîtes.

Si les boîtes chauffent et que la graisse coule liquide de toutes parts, on doit démonter les boîtes,

et si la fusée contient des parcelles de fonte in-
crustées, il faut les limer de manière à faire disparaître toutes les piqûres ; autrement elle continue-
rait à chauffer, userait très promptement les
coussinets et finirait par se rompre.

Le frottement au pourtour des roues n'oppose
qu'une faible résistance lorsque la voie est propre
et en bon état ; mais le frottement sur les fusées
des essieux en produirait une très grande si on ne
l'évitait pas en lubrifiant les fusées.

Généralement les entrepreneurs négligent beaucoup trop l'opération du graissage, qui est cependant d'une grande importance si on veut éviter
une dépense considérable de fusées.

La composition de la graisse doit varier suivant les
saisons, de façon à ce qu'elle soit toujours fusible.

Il est bon de démonter et de nettoyer de temps
en temps les boîtes à graisse ; il suffit de les laver
à l'eau chaude, ce qui dissout la graisse qui reste
adhérente aux parois et enlève les grains de sable
qui s'y sont introduits.

Les fusées des essieux tournent dans les boîtes à
graisse qui sont en fonte de fer.

Malgré le surcroît de dépenses, il serait bon de
les faire tourner dans des coquilles en cuivre fixées
dans l'intérieur des boîtes à graisse, comme l'usage
en a lieu dans les vagons à voyageurs.

Le frottement du fer sur du cuivre est infiniment
plus doux et préserve davantage les fusées.

Il faut avoir soin aussi de placer devant les
boîtes à graisse une bande de cuir qui empêche le
sable et la terre de voler dans les boîtes pendant la
marche des vagons.

Vagons de terrassement du chemin de fer de Londres à Birmingham

Les vagons de terrassement (fig. 60 et 62) employés sur le chemin de fer de Londres à Birmingham versaient devant, mais par un simple déplacement de la caisse sur le châssis, ils pouvaient verser de côté sous un angle de 40 à 50°.

Les roues, extérieures, avaient 0^{m}75 de diamètre et pesaient de 170 à 175 kilogr. chacune ; les essieux étaient en fer laminé rond et pesaient 50 kilogr. chacun.

Ces roues offrent une grande simplicité ; elles ont servi de modèle pour les vagons à houille de Commentry (Allier).

Les vagons du chemin de fer de Bristol (Great-Western) versaient devant et de côté sous un angle de 35°.

Ils se distinguent par la position des heurtoirs à la caisse (fig. 64 et 66) ; ils paraissent, en général, avoir bien réussi en Angleterre, puisqu'on en a construit en grand nombre.

Si on en excepte les pièces de fonte qui sont outremesurément lourdes, tous les détails en semblent assez satisfaisants ; les côtés de la caisse sont en chêne, son plancher horizontal peut être changé sans en changer les côtés.

Tout le vagon est en chêne, excepté les quatre traverses placées sur les heurtoirs qui sont en sapin et sur lesquelles repose le plancher du vagon.

Les roues sont extérieures, leur diamètre est de 0^{m}75.

Terrassier. — Tome I.   8

Les essieux sont en fer forgé non laminé, leurs extrémités sont carrées et le milieu est à huit pans.

Pour obtenir un assemblage solide des roues avec les essieux, on laisse dans le moyeu un vide carré plus grand que celui de l'essieu.

On remplit ce vide avec des cales en bois, mais comme elles ne donneraient pas assez de rigidité, on comprime ensuite dans le bois des cales tranchantes en fer.

Il résulte de ce procédé que le moyeu fendu dans les quatre coins céderait s'il n'était retenu par deux frettes circulaires posées à chaud.

Un de ces vagons coûtait à Akston, à quelques milles de Londres, 26 à 27 livres sterlings, c'est-à-dire 662 fr. 50 à 687 fr. 50, prix très considérable occasionné principalement par les dimensions exagérées de certaines ferrures, surtout si l'on considère que deux paires de roues avec leurs essieux coûtent déjà 262 fr. 50 c.

Nous ne connaissons aucun chantier en France sur lequel on ait employé ce modèle de vagon.

Vagons du chemin de fer de Saint-Germain

Les vagons de terrassement employés sur les chemins de fer de Saint-Germain, de Versailles et de Strasbourg à Bâle, avaient été construits sur le même modèle, sauf quelques légères modifications; ils versent devant, et par le déplacement de la caisse sur le châssis, ils peuvent verser de côté sous un angle de 45°.

Le diamètre des roues est de 0ᵐ50.

Leur prix de revient s'établit de la manière suivante :

cube du bois du train 0^{mc} 291) 0,490 à 109 fr.

  id.   de la caisse 0^{mc} 199) le mètre . . .   53 fr. 40

les planches en chêne de la caisse de 0,04
d'épaisseur, à 6 fr. le mètre superficiel. . .   52 50

façon. . . . .   50 »

montage . . . .   30 »

ferrures, 143 kilog. 26 à 1 fr. le kilog. . . .   143 26

pivots en fonte, 32 kilog. 50 à 0 fr. 60 le kilog.   19 50

essieux pesant 66 kilog. chaque, soit 132 les
deux, à 1 fr. le kilog. . . . .   132 »

roues en fonte, pesant 68 kilog. chaque, soit
272 kilog. les quatre, à 0 fr. 38 le kilog.. .   103 35

boîtes à graisse, pesant 7 kilog. la pièce, soit
28 kilog. les quatre, à 0 fr. 50 le kilog. y
compris l'alésage. . . . .   14 »

frettes pesant chacune 3 kilog. soit 12 kilog.
les quatre, à 0 fr. 60 le kilog.. . . . . . .   7 60

_____

Total du vagon. . . . . . . 605 fr. 61

Vagons employés aux terrassements du canal latéral de la Garonne

Les figures 71, 72, 73 représentent un genre de wagonnet employé aux terrassements du canal latéral de la Garonne. Il verse de deux côtés à la fois par l'effet de sa construction en deux caisses bien distinctes l'une à côté de l'autre, et basculant chacune en sens contraire sur un axe horizontal ; en tombant dans leur position naturelle, elles viennent s'appuyer sur une traverse transversale reliant les deux longrines du châssis. Un crochet placé au sommet des deux caisses les retient pour les empêcher de basculer. Les roues (fig. 35) ont 0^m38 centimètres de diamètre. L'écartement de la voie est de 0,730 milimètres.

Au chemin de fer de Sceaux et de Versailles, rive
gauche, pour le transport du ballast, nous avons
vu un vagon monstre analogue au précédent et
dont les caisses versaient toutes deux devant, au
lieu de verser sur côté, comme celui du canal latéral de la Garonne. Ce système de vagon à deux
caisses est en général très lourd et fatigue beaucoup la voie ; étant de plus très compliqué, il
coûte fort cher.

Les figures 74, 75, 76 représentent un autre
vagonnet qui a été également employé au canal
latéral de la Garonne ; il verse de côté, il n'est
porté que sur une seule paire de roues ; de sorte
que les ouvriers, en le poussant, devaient toujours
le tenir en équilibre en même temps qu'ils étaient
obligés de le pousser exactement dans l'alignement
de la voie s'ils ne voulaient pas dérailler.

Nous ignorons si ce vagon a rendu de bons services. Il a été aussi essayé sur le chemin de Dijon
à Châlons.

Vagons employés aux terrassements du chemin de fer de Douai à Lille

Les vagons employés aux travaux de terrassements de Douai à Lille (fig. 68, 69, 70), avaient une
capacité de 2^m50 de déblai environ. Les roues de
ces vagons étaient intérieures.

Leur diamètre est de 50 centimètres. Ils versent
devant et de côté par la transposition des boîtes à
graisse que l'on déplace à volonté, comme l'indique
la vue en plan. Cette disposition nécessite quatre
heurtoirs qui restent constamment fixés au châssis.
L'axe ou essieu de rotation de la caisse est en bois ;

il est retenu à la caisse et au support par des brides en fer. La porte de la caisse tombe verticalement.

Sur le chemin de fer de Douai à Lille, pour le déblai de la tranchée des Ogiers, on a employé des vagons inférieurs contenant seulement 1,25 de déblai, qui sont revenus à 450 fr. pièce.

Les vagons employés par M. Mathieu, adjudicataire de la première section du chemin de fer de Paris à Strasbourg, provenaient en partie du chemin de fer de Douai à Lille; ils avaient été construits sur ce modèle.

Vagons du chemin de fer de Creil à Saint-Quentin

Les vagons employés au ballastage du chemin de fer de Creil à Saint-Quentin avaient été construits à peu près sur ce modèle ; ils versaient devant et de côté par la transposition d'équerre des supports en bois de la caisse du vagon sur le châssis. Plusieurs de ces vagons ont été construits chez Sévin, charron à Sèvres, au prix de 750 fr. Le diamètre des roues est de 0^{m}65. Ils sont construits en chêne, sauf les parois de la caisse qui sont en sapin ou en peuplier. La compagnie du chemin de fer de Creil à Saint-Quentin les a ainsi portés sur la série des prix :

Dépréciation d'un vagon de 2 mètres cubes. — L'entrepreneur fournira des vagons et il lui sera alloué, à titre de dépréciation pendant la durée des travaux, pour tout vagon d'une capacité de 2 mètres cubes au moins, mesurée à la hauteur des parois verticales et conduit neuf sur les chantiers, la somme de. . . . . 300 fr.

8.

Dépréciation d'un vagon de 3 mètres cubes. — Et pour tout vagon d'une capacité de 3 mètres cubes, la somme de. . . . . **350 fr.**

Nota. — Si les vagons fournis par l'entrepreneur ne sont pas neufs, les prix ci-dessus seront réduits de moitié, et, moyennant ces allocations, l'entrepreneur aura à entretenir tous ses vagons pendant toute la durée des travaux.

Au chemin de fer de Paris à la frontière, l'administration des ponts-et-chaussées a porté au sous-détail le prix des vagons de terrassement comme suit :

Loyer de vagons de terrassements pour moins value, entretien, graissage journalier. — Un vagon payé 600 fr. vaudra, après deux cent cinquante journées de travail, la moitié de ce prix, ce qui fera revenir la valeur du dépérissement journalier

à	1 fr. 200			
Entretien pour 250 jours 50 fr., et par jour de travail.	0	200	1 fr. 450	
Graissage..	0	050		
Bénéfice.			0	145
Prix du loyer journalier . . .			1 fr. 595	

Soit **1 fr. 60 c.** Ce prix est un peu exagéré, et nous verrons qu'aujourd'hui on ne compte que sur une dépréciation de 1/4 pour une campagne de huit mois.

Les vagons employés par MM. Mackensie et Brassey sur les chemins de fer de Rouen et du Havre, pour le transport des terres provenant du percement des souterrains, étaient formés d'une caisse à face latérales verticales, afin de permettre le passage dans les galeries ; la largeur de ce vagon ne dépassait pas 2,10. Il cubait environ 2 mètres. Il était presque complètement exécuté en sapin.

Le prix de revient a été établi de la manière suivante :

2 essieux pesant 140 kilog., à 1 fr.	140 fr.	
4 roues pesant 520 kilog., à 35 fr. les 100 kilog.	182	
Caisse, châssis, fournitures, façon	300	
Total.	622 fr.	

Le prix des essieux et des roues est, comme on le voit, fort élevé, et il serait possible de leur faire subir une forte diminution ; ils sortaient des ateliers de M. Davidson, de la Villette. On a aussi employé sur le chemin de fer de Rouen des vagons de ce système avec caisse en tôle ; ils ont rendu d'excellents services. La charge n'est pas répartie également sur les quatre roues ; lorsque la porte du vagon est ouverte, elle repose sur les heurtoirs qui la garantissent lors du basculement, et elle se trouve sur la même ligne que le plancher de la caisse.

Aux chemins de fer de la rive droite, un vagon intermédiaire, dont nous donnons le dessin à la figure 55, se plaçait entre le tender de la locomotive et les vagons de terrassement, lorsque l'exploitation avait lieu avec des locomotives.

Les heurtoirs des vagons et du tender n'étant pas à la même hauteur, il avait été nécessaire d'intercaler ce vagon qui était muni de heurtoirs placés à deux hauteurs différentes.

Vagon Serveille

Il est un vagon qui est souvent employé dans les terrassements aussi bien que dans les exploitations de mines.

Ce vagon, qui a rendu de grands services aux terrassements de la rive gauche, ainsi que dans la reconstruction des digues rompues par les inondations de la Loire, est de l'invention de M. Serveille.

Il se compose d'une caisse placée sur deux essieux qui tournent directement sur les rails sans intermédiaire de roues.

Cet essieu est composé de deux troncs de cône en fonte placés bout à bout par leurs diamètres les plus grands.

Aux deux extrémités de cet essieu sont placées des fusées en fer qui tournent dans des coussinets fixés au châssis.

Les rails sur lesquels tournent ces essieux sont en fer plat posé de champ et d'équerre à l'inclinaison du cône.

Ils reposent dans des coussinets en fonte fixés sur des traverses au moyen de vis tire-fonds.

Les figures 77, 78 représentent ces vagons et la coupe du rail dans le coussinet de jonction de deux rails consécutifs.

Comme on le voit, cette jonction n'a pas lieu bout à bout, mais par jonction latérale, ce qui est possible à cause du principe d'après lequel le vagon Serveille est établi.

Les voies sur lesquelles roule ce vagon peuvent être affectées de courbes d'un diamètre très faible, puisqu'il est possible aux portions de l'essieu tournant sur les rails, à cause de la conicité, de décrire des chemins différents.

Cette disposition permet donc de donner aux voies de terrassement tous les contours nécessités par les exigences du service.

Nous donnons (fig. 259 à 263) les dessins de deux types de vagon, dont l'application aux travaux de terrassement date de 1864.

Ils sont, comme on le voit, tous les deux à 4 roues en fonte, seulement dans l'un d'eux, le mouvement de bascule a lieu sans charnière autour d'un essieu (fig. 259). Dans l'autre (fig. 262), c'est la caisse qui oscille à l'aide d'une charnière d'un système particulier et dite charnière *roulante*.

Dans le premier de ces deux types les roues peuvent être à boudin (fig. 261) ou disposées (fig. 260) pour rouler sur des rails à gorge comme dans les *tramways* américains. Ils tiennent au cadre L de la caisse par des supports S en fer plat d'une grande simplicité. La charge est disposée de façon à donner un léger excès à l'arrière.

Le type n° 1 est plus robuste, plus soigné. Les roues sont en fonte avec rais en fer rondin *r*, pris dans le moyeu et la jante à la coulée. Les boîtes à graisse en fonte B, permettent un bon graissage et préservent soigneusement le mouvement intérieur contre l'introduction de corps étrangers.

La caisse porte sur le châssis inférieur par les charnières latérales G, et s'attache à l'arrière de ce même châssis par le crochet *c*.

La charge est disposée pour être en équilibre de façon que la résultante passe sensiblement

par le point de contact O de la charnière, en
charge.

La porte est à charnières inférieures retombant
par conséquent suivant le tracé en ponctué qui indique la position de la caisse en déchargement.
Elle est très peu haute pour ne pas venir toucher
le rail.

Comme on voit, le mouvement de bascule, une
fois *c* décroché, s'opère par un simple frottement
de roulement sur le chemin élémentaire *o,o'*, où
vient s'appuyer le téton *s* que l'on peut considérer
comme une portion de roue, de sorte que la rainure
c, destinée à guider le mouvement d'oscillation,
doit avoir une courbe cycloïde.

Ces deux types de vagons ne peuvent verser
qu'en avant.

Un vagon qui a vivement intéressé les entrepreneurs de travaux publics, est celui qui avait figuré
à l'Exposition universelle de 1867 et qui était aussi
construit par la maison Suc et Chauvin, boulevard
de la Villette, 50. Cette maison s'occupait de la
construction mécanique en général, et plus particulièrement du matériel des chemins de fer et des
chantiers de terrassement. Nous avons décrit en
son lieu le système . d'aiguillage, avec croisement, pour lequel cette maison a obtenu un
brevet. Nous allons décrire ici leur *vagon à caisse
automatique* versant des *quatre côtés* indifférem-
ment.

Ce vagon (fig. 264, 265, 266) se compose d'un
châssis inférieur porté sur 4 roues. Ce châssis,
convenablement entretoisé, porte à sa partie cen-
trale un disque fixe Q, sur lequel tourne un disque

semblable ayant pour axe une *cheville ouvrière* P faisant corps avec une traverse N, tournant également dans tous les sens autour de l'axe P.

A chaque extrémité de la pièce N est une frette en fonte, entaillée pour recevoir la pièce fixe F, servant de point d'attache aux bielles G. La caisse est accrochée aux pitons R, au nombre de 4, disposés sur les 4 faces du châssis inférieur. Elle porte en outre un chevalet *c*, dont nous allons bientôt reconnaître l'utilité.

Cela posé, supposons le vagon chargé et procédons au déchargement. La manœuvre consiste simplement à appuyer sur la poignée A de manière à dégager le levier A du cliquet ou arrêt B, de revenir ensuite de droite à gauche en tournant autour de l'axe de la pièce G. Ce mouvement a pour effet de ramener les bielles D l'une vers l'autre, de faire tourner les tringles-verrous E, et de dégager la porte, qui s'entr'ouvre sous le poids de la charge.

Par suite de l'écoulement d'une partie de cette charge, le vagon qui était d'abord chargé avec un léger excès sur l'avant, mais qui était maintenu par la chaîne d'attache, se trouve au contraire plus chargé à l'arrière, et il se renverserait en sens contraire, si le chevalet *c* ne le retenait en venant s'appuyer sur le cadre du châssis. La chaîne S qui ne se trouve plus tendue est facilement décrochée, et il suffit de relever l'arrière du tombereau pour que le mouvement de bascule vers la porte ait lieu.

Or, si on considère que la pièce P est fixe, on verra que au fur et à mesure que la caisse s'incline, à l'aide des bielles G et de ses charnières H, la porte s'ouvre de plus en plus, de sorte qu'elle est toute ouverte quand la caisse a atteint son inclinaison maxima.

L'épure (fig. 270) indique par son tracé en ponctué comment s'opère ce mouvement.

Ces vagons sont construits soit en bois, soit en fer, et sont de deux types, suivant que les travaux de terrassement auxquels ils sont destinés sont plus ou moins importants.

Le type d'un excellent aspect que nous avons visité à l'Exposition, cubait 3 mètres et versait des quatre côtés sur une voie ordinaire de 1^{m}510. Les roues de 0^{m}60 de diamètre à rais en fer, ont la jante et le moyeu en fonte; l'essieu tourne dans une boîte à graisse munie d'un coussinet en bronze.

CHAPITRE X

Prix de transport par vagons

———

Maintenant que nous connaissons d'une manière générale le matériel ordinaire des chantiers et une estimation du capital d'achat, nous pouvons nous livrer à la recherche des prix de transport par les vagons, roulant sur des voies, en tenant compte de la moins-value de ce capital d'achat.

Nous allons chercher à déterminer la formule des transports au vagon traîné par des chevaux, charge et décharge comprises, en tenant compte, en un mot, des neuf éléments principaux qui entrent dans la question, à savoir :

1° Moins-value et intérêt du capital d'établissement de voies provisoires.

2° Frais de pose et de déplacement des voies provisoires.

3° Moins-value et intérêt du capital d'achat des vagons; entretien et graissage.

4° Ouverture de la tranchée.

5° Fouille des terres.

6° Frais de chargement.

7° Frais de traction.

8° Frais de déchargement.

9° Frais d'entretien des voies provisoires.

Nous avons vu que dans la construction du chemin de fer de Lille à la frontière belge, on avait fourni les rails à l'entrepreneur ainsi que les coussinets, chevillettes, coins et traverses.

Terrassier. — Tome I. 9

Nous changerons un peu ces conditions qui n'ont
rien de fixe et nous prendrons un exemple que
nous trouvons dans un travail d'une grandeur
autorité dû à M. Goschler.

Nous supposons que l'administration fournit les
rails et coussinets seulement; que l'entrepreneur
fournit les traverses, chevilles et coins, croisements et aiguillages, et les vagons de transport;
qu'il transportera à pied d'œuvre les pièces qui lui
seront confiées et les remettra au dépôt de la compagnie en parfait état après l'exécution des travaux.

Cela posé, considérons successivement chacun
des éléments qui concourent à l'établissement de la
formule que nous voulons établir.

Moins-value et intérêt du capital d'établissement des voies provisoires

Nous admettrons que l'on fasse usage d'une simple voie avec gares; il y aura deux voies au chargement et trois au déchargement. La longueur totale des voies provisoires sera, par exemple, égale
à 3 D environ, D étant la distance du centre de
gravité du déblai à celui du remblai.

L'entrepreneur remboursera la valeur des rails
perdus ou détériorés. Cette perte peut être évaluée
à 1 pour 100 de la valeur des rails, lesquels, pesant
ensemble 60 kilog. par mètre courant de voie, coûteront 10 fr. 80. L'entrepreneur sera donc dédom-
magé de cette perte par la somme de. . . 0 fr. 11

Les traverses seront écartées de 1 mètre
d'axe en axe. L'entrepreneur se les pro-
cure au prix de 1 fr. 50 la pièce rendue à

Report.	0 fr. 11

...ied d'œuvre, et il les revendra les deux ...ers de cette somme. Déchet par mètre ...ourant 0 50

...Il faudra deux coussinets par mètre cou-...nt. Ils pèseront 18 kilog. et coûtent ...fr. 75. En estimant à 4 pour 100 la perte ...our coussinets brisés, écornés, hors de ...ervice, les deux coussinets subiront une ...ppréciation de 0 fr. 11, et le déchet sera, ...ur mètre courant 0 11

...Moins-value de deux chevilles pour fixer ...s coussinets sur les traverses. 0 07

...Pose de deux coussinets sur leur tra-...rse 0 10

...Deux coins pour fixer les rails dans les ...ussinets. 0 15

...Transport à pied d'œuvre de 2 mètres ...urants de rails. 0 08

...Redressement des rails à raison de ...fr. 18 le rail de 6 mètres, soit, par mètre ...urant de voie 0 06

...Pour déclouer les coussinets, remettre ...rails et coussinets en dépôts, pour net-...yage, empilage et faux frais. 0 15

...Dépense d'établissement des voies provi-...ires par mètre courant . . . . 1 fr. 33

...Pour la longueur 3 D, cette dépense sera 4 D.

...L'entrepreneur aura un petit matériel spécial, ...s que croisements, aiguilles pour changements ...voies, rails, accessoires que nous supposons ...uivalents à 40 mètres de voie et valoir 15 fr. Ce

matériel vaut donc 600 fr. Il subira pendant
travaux une dépréciation de 1/3, soit. . .   200

Le capital produira, à 6 pour 100, un
intérêt de   36

$$\overline{ 236 }$$

La dépense totale pour établissement et moin
value des voies provisoires sera donc $4\,D + 236$

Soit M le cube total du chantier à déblayer. Cet
dépense sera par mètre cube :

$$\frac{4\,D + 236 \text{ fr.}}{M} \qquad (a)$$

Frais de pose et déplacement des voies

La longueur de la voie déposée et replacée ser
égale à deux fois $3\,D$, soit $6\,D$.

Pose de 1 mètre courant de voie. . . .   0 fr.
Dépôt et enlèvement   0

$$\overline{ 0 }$$

Faux frais et outils.   0

Prix de 1 mètre courant . . . .   1 fr.

Et pour la longueur totale ou $6\,D$, les frais
pose et de déplacement des voies par mètre cu
seront donc :

$$\frac{6\,D}{M} \qquad (b)$$

Moins value et intérêt du capital d'achat des vagon entretien et graissage

Les convois parcourant toute la longueur de
voie provisoire, moins 100 mètres environ à chaq

'tremité, la distance moyenne du parcours sera
$+ - 100$.

Soient :

W, le nombre des vagons du convoi.

$n = 3$, le nombre de voies de déchargement.

t, le temps de déchargement d'un vagon, y compris le temps d'amener le vagon sur la voie de déchargement, de le vider et de le ramener sur la
voie des vagons vides ($t = 0$ h. 09).

T, le temps du chargement d'un convoi, comprenant le temps d'amener et de reporter les vagons
vides à l'atelier, de les remplir et de les ramener
au point de départ du convoi (T = 0 h. 3).

$$\frac{W\,t}{n} = 0.03\ W$$

sera le temps employé pour le déchargement d'un
convoi ; ce temps devra être égal à celui nécessaire
du chargement. On aura donc :

$$0,03\ W = T = 0,3$$

où :

$$W = 10\ \text{vagons}$$

Le parcours d'un cheval par heure étant de 3,200
mètres, et le temps perdu pendant un voyage à la
distance (D — 100) correspondant à un parcours
de 800 mètres, la durée d'un voyage à la distance
(D — 100) sera :

$$\frac{2\,(D - 100) + 800}{3200} = \frac{D + 300}{1600}$$

Le temps 0, écoulé entre deux déchargements
d'un convoi, se compose :

Du temps de déchargement = 0 h. 3,

Du temps du voyage à la distance :

$$(D - 100) = \frac{D + 300}{1600}$$

Du temps du déchargement = 0 h. 3.

On aura donc :

$$\theta = 0\,\text{h.}\,6 + \frac{D + 300}{1600} = \frac{1260 + D}{1600}$$

Le nombre des vagons nécessaires sur les chantiers est celui que l'on pourrait décharger dans le temps θ.

Ce temps sera :

$$N = \frac{n\,\theta}{t} = \frac{1260 + D}{3 \times 16}$$

Tel est le nombre de vagons en action sur le chantier et auxquels il faudra appliquer les frais de graissage et d'entretien.

Il faudra réellement, pour l'exécution des travaux, un nombre de vagons égal à $N + 0,2N$ pour tenir compte de ceux qui seront en réparation.

Ce nombre sera donc :

$$N' = 1,2\left(\frac{1260 + D}{3 \times 16}\right)$$

Soit c la capacité d'un vagon mesurée en déblai (elle est en général de $2^{m3}5$). Le cube total du déblai déchargé sera, dans tout l'atelier de déchargement : $\frac{n\,c}{t} = 83$ mètres cubes par heure.

Si on compte 250 jours ou 2,500 heures par cam

pagne, le cube du déblai exécuté sera de 207,500 mètres.

Un vagon valant moyennement 600 fr., la moins-value d'un vagon sera d'un quart de son prix d'achat, soit 150 fr. au bout d'une campagne. Celle des N' vagons sera par conséquent 150 N', et on aura pour la moins-value des vagons au bout d'une campagne, pour chaque mètre cube :

$$\frac{150}{207.500} = 1,2 \left(\frac{1260 + D}{66.400} \right) \qquad (1)$$

Intérêt à 6 pour 100 du capital d'achat d'un vagon. . . . . 36 fr.

Pour N' vagons . . . . 36 N'

Et par mètre cube enlevé pendant la campagne :

$$\frac{36 \, N'}{207.500} = \frac{43.2 \, (1260 + D)}{9.960.000} \qquad (2)$$

Graissage et réparation des vagons, par vagon et par heure de travail . . . 0 fr. 05

Pour N vagons. . . . . 0 05 N

Ces vagons transportent par heure 83 mètres cubes. Les frais de graissage et réparation des vagons par mètre cube seront donc :

$$\frac{0,05 \, N}{83} = 125 \left(\frac{1260 + D}{9.960.000} \right) \qquad (3)$$

Ajoutant ces trois quantités, on a, pour la dépense de moins-value et des intérêts du capital d'achat des vagons, leur graissage et l'entretien :

$$0,000,035. \, D + 0,044 \qquad (c)$$

Fouille des terres et ouverture de la tranchée

La tranchée à exploiter au vagon aura, par exemple, 5 mètres de profondeur moyenne, et sera percée pour permettre l'établissement de la première voie. Les terres seront rejetées au dehors au moyen de banquettes de 1^m65 de hauteur et de 1 mètre de largeur. A la partie inférieure du déblai, l'ouverture aura une largeur de 2 mètres. Il y aura donc à compter, en sus de la fouille, le rejet sur la berge des terres extraites de l'ouverture :

Pour la première banquette, $6^m \times 1^m65 = 9^{m3}90$ à 1 jet de pelle, ou $9^{m3}9 \times 0$ h. 8×0 fr. $75 =$ 5 fr.94

Pour la deuxième banquette, $4 \times 1,65 = 6^{m3}6$ à 2 jets de pelle, ou $6,6 \times 2 \times 0$ h. $8 \times 0,75 =$ 7 92

Pour la troisième banquette, $2 \times 1,65 = 3^{m3}$ à 3 jets de pelle, ou $3,3 \times 3 \times 0$ h. 8×0 f. $75 =$ 5 94

A ajouter, un jet de pelle horizontal à 3 mètres de distance pour les $19^{m3}80$ extraits, $19,80 \times 0$ h. 8×0 fr. $75 =$ 11 88

Total 31 fr.68

Si la section de la tranchée de 5 mètres de profondeur est 90 mètres, en répartissant entre les 90 mètres la somme de 31 fr. 68, on a pour les jets de pelle destinés à établir l'ouverture de la tranchée, et par mètre cube de déblai :

$$\frac{31.68}{90} = 0,352 \qquad (d)$$

Fouille d'un mètre cube de déblai

0 h. 90 de terrassier à 0 fr. $75 = 0$ fr. 675 $\qquad (e)$

Frais de chargement

Il y a au chargement :

Un surveillant payé par heure . . . . 0 fr. 90
Deux forts chevaux à 0 fr. 70 l'heure .   1   40
Deux conducteurs à 0 fr. 50 l'heure . .   1   »
                                        —————
                                        3 fr. 30

On enlève par heure 83 mètres cubes, ce qui fait par mètre cube une dépense de . . .   0 fr. 039

Un terrassier charge $1^{m3}3$ par heure, s'il est payé 0 fr. 75, ce qui fait par mètre cube   0   576
Faux-frais 1/20.   0   030
                                 —————
                                 0 fr. 645
Frais de chargement par mètre cube.   0 fr. 645 (*f*)

Frais de traction

On suppose, pour chaque groupe de deux vagons :

Un fort cheval payé. . . . .   0 fr. 70
Son conducteur   0   50
                                    —————
Ensemble. . . . . . .   1 fr. 20

Pour aller à la distance (D — 100) et en revenir, il faudra, comme nous l'avons vu, un temps égal à $\dfrac{D + 300}{1600}$, en y comprenant le temps perdu pour atteler et dételer.

Le prix de ce temps sera donc $\dfrac{1,20\,(D + 300)}{1600}$

9.

Et comme les deux vagons chargent ensemble 5 mètres cubes, le prix du transport sera par mètre cube :

$$\frac{1,20\,(D+300)}{5\times 1600} = 0,00015\,D + 0,045 \qquad (g)$$

Frais de déchargement

Il y aura au déchargement :

Un surveillant payé par heure.	0 fr. 90
Trois forts chevaux payés chacun 0 fr. 70	2 10
Trois conducteurs à 0 fr. 50.	1 50
Trois régaleurs à 0 fr. 50	1 50
Un aiguilleur à 0 fr. 40	0 40
Dépense pour 83 mètres cubes. . .	6 fr. 40

On aura donc :

Frais de déchargement pour $1^{m3}\ \dfrac{6,40}{83}$		0 fr. 077
Faux frais $\dfrac{1}{20}$		0 003
		0 fr. 080

Frais de déchargement par mètre cube 0 f. 080 (h).

Frais d'entretien des voies

Le prix d'entretien de la voie est par jour et par mètre courant de 0 fr. 01, ou par heure 0 fr. 001.

Le prix d'entretien d'une longueur de voie égale à 3 D sera par heure et par mètre cube de déblai transporté :

$$\frac{0{,}003\,D}{83} = \ldots \ldots \ldots \quad 0\,\text{fr.}\,0000361\,D$$

$$\text{Faux frais } \frac{1}{20} \ldots \ldots \quad 0\,\text{fr.}\,0000019\,D$$

$$\overline{\qquad 0\,\text{fr.}\,0000380\,D}$$

Frais d'entretien de la voie par m³. 0 f. 0000380 D (k).

Réunissant maintenant les neuf éléments que nous avons déterminés, on aura pour le prix P du mètre cube de déblai fouillé, chargé, transporté en vagon à la distance D, déchargé et régalé, l'expression suivante :

$$P = \frac{4\,D + 236}{M} \hspace{5cm} (a)$$

$$+ \quad \frac{6\,D}{M} \hspace{5cm} (b)$$

$$+ \hspace{3cm} 0{,}0000350\,D + 0{,}044 \quad (c)$$

$$+ \hspace{5.5cm} 0{,}352 \quad (d)$$

$$+ \hspace{5.5cm} 0{,}675 \quad (e)$$

$$+ \hspace{5.5cm} 0{,}645 \quad (f)$$

$$+ \hspace{3cm} 0{,}00015\,D \quad + 0{,}045 \quad (g)$$

$$+ \hspace{5.5cm} 0{,}080 \quad (h)$$

$$+ \hspace{3cm} 0{,}0000380\,D \hspace{3cm} (k)$$

$$P = \frac{10\,D + 236}{M} + 0{,}000223\,D + 1{,}841$$

Ajoutant un dixième de bénéfice pour l'entrepreneur, le prix du mètre cube sera enfin :

$$P = \frac{11\,D + 260}{M} + 0{,}000223\,D + 2{,}02$$

Si l'on veut savoir pour quel cube minimum il y aura avantage à substituer le vagon à la voiture

pour une distance moyenne D, il faut égaler le prix
du mètre cube transporté par tombereau au prix
du mètre cube transporté par vagon, et de cette
égalité tirer la valeur de M. Or, nous avons vu que
l'expression du prix de transport d'un mètre cube
par tombereau à trois colliers, était :

$$X'' = 0,395 + 0,000625\, D$$

Nous aurons donc :

$$0,395 + 0,000625\, D = \frac{11\, D + 260}{M} + 0,000223\, D + 2,02$$

d'où l'on tire :

$$M = \frac{11\, D + 260}{0,000402\, D - 1,625}$$

Nous remarquerons que si on voulait avoir le
prix du mètre cube transporté, non compris la
fouille, la charge et la décharge, on n'aurait qu'à
faire la somme des quantités $(a)\,(b)\,(c)\,(g)\,(k)$ et 0 f. 02
pour frais d'aiguillage, et l'on aurait :

$$P = \frac{10\, D + 236}{M} + 0,000223\, D + 0\, \text{f. } 171$$

Nous verrons plus loin, au sujet du transport
des ballasts, l'estimation des frais de traction par
locomotive, ce qui permettra d'établir la formule
des transports dans ce cas.

CHAPITRE XI

Chemins de fer. — Organisation des grands chantiers. — Outillage simple. — Outillage mécanique.

———

Nous sommes à même maintenant d'entreprendre l'étude d'une organisation de chantier de chemin de fer dans les divers cas, et nous ferons précéder cette étude de quelques notions sur l'outillage et l'extraction des roches que l'on est sujet à rencontrer dans les tranchées.

Remblai. — Déblai

Lorsqu'une voie de communication est établie à travers un pays, il n'est pas possible de lui faire suivre les accidents quelquefois nombreux du terrain.

Un levé général ayant été fait, un tracé donnant le niveau de la surface supérieure de la voie de communication est décidé, ainsi qu'un profil en travers de cette route.

Il en résulte que la voie de communication se trouve alternativement dans une de ces trois positions :

1° Au niveau du sol ;

2° Au-dessus du sol ;

3° Au-dessous du sol.

Dans le premier cas, on dit que la voie est à niveau.

Dans le second cas, elle est en remblai.

Dans le troisième, elle est en déblai.

Supposons qu'une voie de fer doive être établie sur un sol offrant alternativement ces trois cas.

La voie de fer repose toujours dans un lit de sable appelé ballast, qui a environ 0,50 d'épaisseur; il est donc nécessaire d'observer ceci :

Fig. 13. 1° Lorsque le chemin de fer doit être au niveau du sol, on doit ouvrir une tranchée destinée au logement du ballast.

Fig. 14. 2° Lorsque le chemin de fer doit être en remblai, on doit arrêter le remblaiement à une hauteur, au-dessous du niveau des rails, égale à l'épaisseur de la couche de ballast.

Fig. 17. 3° Lorsque le chemin de fer est en déblai, on doit continuer, au-dessous des rails, la tranchée à une profondeur égale à la hauteur de la couche de ballast, afin qu'on puisse y loger l'ensablement.

Fig. 16 4°. Aucun déblai ne doit être opéré, sauf la fouille nécessaire à l'établissement des fossés, aucun remblai ne doit être amené, lorsque le chemin de fer sera à une hauteur au-dessus du sol égale à l'épaisseur de la couche de ballast; dans ce cas, le remblai est formé de l'ensablement de la voie. Sachant ce qu'on entend par déblai et remblai, examinons le profil en travers qu'il faut obtenir dans les quatre cas.

Fig. 13. *Premier cas.* — Le profil définitif, lorsque la couche de sable est posée, consiste en une plate-forme bordée de deux fossés à parois inclinées à 45 degrés.

La profondeur de ces fossés est habituellement de 0,75, et la largeur du radier est de 0,50.

La largeur de ces fossés au niveau des rails est donc de :

$$0,75 + 0,50 + 0,75 = 2^m$$

La hauteur du ballast, dans l'axe du chemin de fer, est de 0,55, et pour que les eaux pluviales qui traversent le ballast ne s'arrêtent pas sur la plate-forme excavée, on lui donne la forme de dos d'âne, en plaçant le point le plus élevé dans l'axe du chemin de fer, à 0,55 du niveau des rails, et en donnant une inclinaison telle qu'elle aille rejoindre le fond des fossés latéraux.

Ainsi l'excavation qui dans l'axe du chemin de fer est à 0,55 au-dessous des rails, est à l'extrémité du radier des fossés à 0,75.

Cette différence de niveau constitue une pente suffisante pour l'écoulement des eaux traversant le ballast, dans les fossés latéraux.

La paroi latérale des fossés, du côté de la voie, est formée à 45 degrés par le ballast.

La paroi latérale de l'autre côté est formée par le terrain naturel taillé à 45 degrés.

Fig. 17 et 18. *Troisième cas.* — Lorsque le chemin de fer est en déblai, le profil définitif et le profil de l'excavation est le même à la plate-forme que dans le premier cas.

Mais au-dessus des fossés, les terres s'élèvent suivant un talus dont l'inclinaison dépend de la nature des terres, et que nous examinerons plus loin.

Les talus viennent reposer sur une banquette qui varie de 0,50 à 1 mètre et qui borde le fossé.

Cette banquette est d'autant plus nécessaire que

la surface des talus se détériore toujours, et que
l'inclinaison s'adoucit aux dépens de cette banquette, et non des fossés.

Ces fossés reçoivent aussi les eaux pluviales, ou
les eaux de sources qui s'écoulent par les talus de
la tranchée.

Lorsque le volume de ces eaux est un peu considérable, la paroi du fossé, habituellement formée
par le ballast, est remplacée par un petit mur en
maçonnerie, et le fossé est lui-même remplacé par
un caniveau à ciel ouvert.

Ces eaux tendent à détériorer promptement les
talus; aussi, dans les terrains non consistants, les
recouvre-t-on de perrés en pierres sèches, en ayant
soin de conserver le long de leur talus, et de distance en distance, des caniveaux conduisant les
eaux dans le fossé, et destinés à assainir les talus
de la tranchée.

Il arrive aussi qu'on se trouve obligé de poser le
ballast et la voie sur un terrain marécageux.

Dans ce cas il faut déblayer tout le mauvais
terrain, et le remplacer par des terres meilleures,
ou bien, on y enfonce des pilots qui resserrent le
terrain, et sur lesquels, après avoir posé une
couche de pierrailles, on pose en toute sécurité le
ballast.

Sur une portion du chemin de fer de la rive
gauche, on a rencontré un sable aquifère d'une
grande épaisseur.

Voici la manière dont on s'y est pris pour assainir la plate-forme destinée à recevoir le ballastage

Le long de chacun des talus, on a enfoncé deux
cours de palplanches, distants de 1 mètre.

On a extrait la terre restée entre les deux rangs de palplanches, et on l'a remplacée par un mur en pierres sèches.

La tranchée se trouvait donc désormais bordée de deux murs; les terres furent alors enlevées, et l'excavation fut poussée à une profondeur beaucoup plus grande, elle fut conduite jusqu'à la surface inférieure de ce banc de sable.

Plusieurs couches de pierres remplacèrent le terrain enlevé, et sur ces débris fut posé le ballastage.

Fig. 16. *Quatrième cas.* — Lorsque la surface des rails est au-dessus du sol, à une hauteur égale à l'épaisseur de la couche de sable, il arrive souvent que sur les côtés de l'ensablement on pratique des fossés semblables à ceux du n° 1, pour l'écoulement des eaux.

Fig. 14 et 15. *Deuxième cas.* — Lorsque le chemin de fer doit être en remblai, la section doit être une ligne droite à sa surface supérieure, et les deux parois doivent avoir une inclinaison que nous examinerons tout à l'heure. Lors de l'établissement du remblai, on lui donne une hauteur plus grande qu'elle n'est nécessaire, parce que les terres rapportées ayant subi un foisonnement, doivent subir un tassement qu'il faut prévoir, et qui s'opère du reste, en partie, pendant sa formation même, soit par le propre poids des terres, soit par le passage des tombereaux ou vagons de terrassement.

Lors du règlement définitif du remblai, on réserve une hauteur destinée au ballast, et la surface supérieure prend la forme d'un dos d'âne, destiné à l'écoulement des eaux.

Lors de l'exécution d'un remblai, il faut s'inquiéter à la fois de la nature du terrain sur lequel il doit être placé, ainsi que de la nature des terres qui doivent servir à sa formation.

Quelques exemples feront mieux comprendre les précautions qu'il est nécessaire de prendre.

Lors de l'exécution du chemin de fer de Saint-Germain traversant la Seine, aux deux bras formés par l'île de la Corbière et la vallée qui sépare le fleuve de la colline, par un viaduc en maçonnerie, il fut décidé qu'entre ce viaduc et le souterrain, sous la terrasse de Saint-Germain, dont la tête devait être placée à peu de distance de cette terrasse, un remblai formé des terres provenant de la tranchée de la forêt de Saint-Germain et du percement du souterrain serait établi.

Le sol sur lequel il devait être assis était un versant d'une inclinaison très rapide.

Des puits percés par mesure de précaution firent reconnaître un terrain composé de couches de glaise, de tourbe et de sable aquifère.

Ces couches étaient en outre inclinées à l'horizon, et servaient comme de radiers pour l'écoulement des eaux provenant du haut de la colline.

On dut songer non seulement à enlever tout ce terrain dangereux, mais encore à assainir dans l'avenir les terres qu'on y apporterait, de quelque bonne qualité qu'elles fussent.

En effet, les terres provenant de la tranchée de la forêt et du souterrain étaient composées de calcaires en débris, de marne très compacte, de sable, de roche, et de ce que les terrassiers appellent de la *caillasse*.

On déblaya donc toute l'assiette sur laquelle devait reposer le remblai, en donnant au front de l'excavation une inclinaison très légère, sur laquelle le poids du remblai devait venir porter en partie.

Deux saignées partant du point à 0 du remblai, et descendant en suivant la pente naturelle du sol, jusqu'aux extrémités de la base de remblai, furent ouvertes sur une profondeur de 2 mètres, et remplies d'enrochements provenant de débris retirés de l'excavation du souterrain.

Ces deux caniveaux devaient assainir le remblai dans l'avenir, et servir de canal aux eaux venant des régions supérieures.

L'établissement de la route départementale de Saint-Cloud à Sèvres, qui partant de la place du château, va passer sur le chemin de fer de Saint-Cloud, au moyen du pont de l'Arcade, et sur le chemin de Versailles, au moyen du souterrain de Montretout, exigea des murs de soutènement et des apports de terre considérables.

Cette route, avant d'arriver perpendiculairement au chemin de fer de Saint-Cloud, est soutenue par des murs de soutènement très élevés, et tourne très brusquement ; afin de soutenir plus efficacement l'énorme cube de terres formant ce tournant, l'administration des ponts et chaussées fit construire un massif en maçonnerie de grandes dimensions, et nécessairement, à cause de la grande différence de niveau des deux sols, d'une hauteur considérable.

Ce massif devait servir d'arc-boutant à la maçonnerie des murs de soutènement de la route.

Malheureusement le terrain naturel placé sous cet amas de terre et de maçonnerie était composé de glaise probablement assise sur la couche de calcaire qui forme le bassin de Paris.

Le poids énorme supporté par cette glaise qui était comprimée sur la couche solide, lui fit chercher une issue latérale, et comme elle se trouvait placée sur une certaine longueur, entre deux couches de terrains compacts, elle alla sortir à 100 mètres de là.

Les maçonneries furent détruites en grande partie, et il fallut pousser le terrassement beaucoup plus loin, en augmentant considérablement l'assiette inférieure du remblai formant la route.

Il serait imprudent de former un remblai avec des terres susceptibles de glissement.

Lorsqu'on est obligé de former un remblai avec des glaises, par exemple, il faut avoir soin de poser une couche de bonnes terres sur chaque couche de glaise, et ne donner à ces couches de glaise qu'une faible épaisseur.

Un remblai placé dans la commune de Chaville, au chemin de fer de Versailles (rive droite), a donné un exemple très curieux de la propension des glaises au glissement.

Ce remblai, qui pouvait avoir 10 mètres de hauteur, avait été formé entièrement de glaises provenant des tranchées, et son talus avait, par précaution, été coupé par plusieurs banquettes.

Après une saison de pluies, un tassement léger se fit sentir sur quelques mètres de longueur, dans la voie de retour de Versailles à Paris, et ce tassement suivait l'axe exact du chemin de fer, laissant, à son niveau, la voie d'aller à Versailles et la moitié de l'entrevoie.

Dans la nuit du jour où ce tassement avait eu lieu, et au moment où on se préparait à relever la voie au moyen de quelques couches de sable, la voie descendit verticalement avec la moitié de l'entrevoie, sur une longueur de 50 mètres et sur une hauteur de 4 mètres environ, laissant la moitié de l'entrevoie bordant la voie d'aller, debout à son niveau, et taillée à pic.

Le talus s'était épaté, renversant ce qui était devant lui, et prenant une base beaucoup plus grande.

Le service fut conservé sur la voie d'aller, sur laquelle on passait en ralentissant, et aussitôt on entreprit deux opérations qui donnèrent les résultats les plus satisfaisants.

La voie d'aller ne bougea pas.

Pendant qu'au pied du talus, et de distance en distance, de profondes saignées étaient faites et remplacées par des massifs de maçonnerie destinés à prévenir un nouveau glissement de terres, on forait avec les instruments destinés aux puits artésien le massif soutenant la voie d'aller.

Lorsque des trous étaient percés d'outre en outre, des planches étaient placées d'un côté sur la face restée à pic et de l'autre sur le talus resté en place.

Des boulons placés dans les trous forés serraient ces planches au moyen d'écrous.

Le massif fut ainsi fortement encaissé, et le poids des trains se reportant sur toute la surface supérieure, il ne fut plus possible aux terres de ce massif de s'échapper.

Du côté de l'éboulement, les massifs de maçonnerie avaient arrêté le glissement ; on remblaya la partie éboulée avec du sable, et la voie de retour fut rétablie.

L'inclinaison des talus d'un remblai dépend donc de la nature des terres qui le forment, de la nature des terres sur lesquelles on pose le remblai, et de la conformation de ce sol.

Le talus que prennent d'elles-mêmes les terres, est d'environ 1 sur 1.

On leur donne donc habituellement 1 sur 1 1/2, et dans des cas particuliers, on leur donne 1 sur 2.

Les parois latérales d'une tranchée doivent être taillées de façon à ne pas donner lieu à des éboulements et à des remaniements continuels.

Les excavations peuvent être faites dans des roches solides et dans des terrains offrant différents degrés de solidité.

Lorsque la roche qu'on rencontre n'est point altérable à l'air, lorsque ses couches sont horizontales, on la taille à pic.

Lorsque les bancs sont inclinés à l'horizon, on la taille également à pic, sauf le cas où l'inclinaison serait dirigée du côté de la voie, et d'une manière trop sensible.

Lorsque les tranchées sont ouvertes dans des terres peu consistantes, l'inclinaison des talus dépend de la nature de ces terres.

On admet généralement, dans les chemins de fer, une inclinaison de 1 sur 1, excepté dans les terrains très ébouleux, auxquels on donne quelquefois l'inclinaison de 1 sur 1 1/2, très rarement 1 sur 2.

On comprend, au reste, que les conditions d'un

talus de déblai sont bien différentes de celles d'un talus de remblai.

Le remblai est formé de terres rapportées, sans cohésion première, et destiné à supporter un poids considérable, le poids des trains.

Les talus d'un déblai sont taillés dans le terrain en conservant toute sa cohésion, et ils n'ont rien à supporter.

Les chances de glissement proviennent seulement de l'affluence des eaux et de l'angle d'éboulement des terres.

Il est facile, d'ailleurs, de faire une expérience sur un terrain, et de placer les talus dans des conditions rassurantes.

On excave aussi quelquefois par gradins, mais comme sur de faibles hauteurs les terres ont à peine besoin d'inclinaison, on évite de faire un déblai plus grand que celui qu'on obtiendrait par une inclinaison unique, en disposant les gradins de façon que leurs milieux soient toujours sur la ligne d'inclinaison qui aurait pu être adoptée, suivant l'usage habituel.

Outils employés par les ouvriers dans les excavations souterraines ou à ciel ouvert

Les outils employés par les ouvriers varient avec la nature des terrains.

Lorsque les terres sont meubles, peu compactes, très tendres et manquant de cohésion, telles que la terre végétale, les tourbes et quelquefois des argiles, des sables, des marnes, on se sert de la *pelle* (fig. 145, 146 et 147), et du *louchet* ou *bêche* (fig. 148).

Lorsque les terres offrent plus de cohésion et de

consistance, on se sert de la *pioche* (fig. 149, 150)
et même du *pic* (fig. 152), si la pioche est insuffi-
sante.

Le pic est un instrument en fer, terminé en
pointe à l'une de ses extrémités et par un œil à
l'autre.

La pointe est fortement aciérée ; dans l'œil se
place un *manche* dont la longueur varie de 0,5 à
0,80, suivant la longueur même du pic, qui dépend
de la nature des terres à entailler.

Les terres qu'on excave avec la pioche sont : les
argiles, les marnes, les sables compacts, les grès
et même les terres végétales.

On se sert aussi d'un pic plat. dont l'œil est au
milieu de sa hauteur (fig. 153).

Les dimensions des pics dépendent du plus ou
moins de dureté des terres.

Le pic ne sert qu'à pratiquer des saignées, et à
l'aide de *coins* (fig. 156), qu'on y enfonce à coups de
masses ou *marteaux* (fig. 155), on pratique l'excavation. Ces masses pèsent 8 à 10 kilogr., et leur manche est en bois de cornouiller.

Dans les roches dures on emploie la *pointerolle*
(fig. 154).

La *pointerolle* est un outil en fer terminé par une
pointe obtuse d'un côté, et de l'autre par une partie plate sur laquelle on frappe à coups d'une mas-
sette à manche court, pesant 2 kil.

Les deux extrémités de la pointerolle doivent
être aciérées ; un manche fixé au milieu de sa
longueur sert à la diriger ; la longueur de la
pointerolle est d'environ 0,15, et celle du manche,
de 0,25.

Extraction des roches

Dans un déblai, on a soin de donner à l'excavation la forme de gradins, de telle sorte que le premier défoncement terminé, tous les massifs se trouvent toujours présenter deux de leurs faces.

De cette façon aussi les ateliers pourront se multiplier par gradins.

L'ouvrier commencera par pratiquer, sur la face à attaquer, une entaille horizontale qu'il continuera, suivant la longueur de la masse qu'il veut déblayer.

Pour pratiquer cette saignée, il choisira les parties les plus tendres de la roche, et profitera des fissures ou des veines qui se rencontrent dans la roche.

Lorsque cette entaille est terminée, l'abatage a lieu au moyen de leviers et de coins qu'on a soin d'enfoncer dans des fissures ou dans les entailles.

Les leviers dont on se sert sont droits ou recourbés, quelquefois épatés en pied de biche.

Lorsque la poudre n'était point encore en usage pour l'abatage des roches, on ne se servait que de pointerolle et des coins aciérés.

Extraction des roches par la poudre

L'abatage à la poudre a lieu d'une manière fort simple :

Il consiste à forer un trou cylindrique dans le volume de roche qu'on veut faire éclater, à y placer une cartouche, par-dessus laquelle on chasse une bourre, et à ménager, du dedans au dehors du

trou cylindrique, les moyens d'enflammer ｜ｐｏ
poudre.

Les charges de poudre sont en rapport avec ｜ｐ.ｄ
dureté de la roche qu'on veut faire éclater et avｅ
les dimensions du trou de mine.

La profondeur du trou de mine, sa capacité, d
pendent du volume de roche qu'on veut abattre.

La charge de poudre varie dans les excavatioｎ
souterraines, de 60 à 150 grammes ; dans les tｒ：
vaux d'extraction à ciel ouvert, dans lesquels ｃ
n'est pas obligé de se poser des limites, et où ｃ
ne craint pas les éboulements, on emploie jusquｅ
500 grammes et même 1 kilogr.

Le trou de mine se perce avec une tige cylｉｎ
drique nommée *fleuret* (fig. 157), terminée à son eｘ
trémité par un *biseau* en *acier,* un peu plus larｇ
que le diamètre de la tige, afin que le trou obtenｕ
soit un peu plus grand et que la tige puisse y touｒ
ner aisément, et courbe pour que les deux pointｅ
du biseau ne se brisent pas.

L'ouvrier frappe sur la tête du fleuret avec uｎ
masse pesant 2 kilogrammes, et a soin, entre deｕ
coups consécutifs, de faire tourner le fleuret daｎ
son trou, d'un sixième de sa circonférence.

On commence un trou de mine avec une poinｔ
rolle, et on se sert ensuite d'un fleuret quadraｎ
gulaire dont la pointe est formée de deux biseaｕ
croisés à angle droit (fig. 158).

Lorsqu'un seul homme est employé au forage d'ｔ
trou de mine, les dimensions des fleurets sont :

Pour le premier fleuret qui sert à commencer
trou, 0ᵐ30 de longueur et 0,029 de diamètre ｅ
biseau.

Pour le deuxième fleuret qu'on emploie lorsque le trou a 0m15 de profondeur, la longueur est de 0m0, et le diamètre au biseau est de 0,024.

Pour le troisième, la longueur est de 0m70, et le diamètre de 0,022 au biseau, etc.

Les deux extrémités des fleurets doivent être en fer.

Un ouvrier peut forer avec ces outils des trous de 0m25 à 0m55 de profondeur; il doit frapper en tenant sa masse par l'extrémité du manche, et déployer toute sa force dans cette opération.

Il doit donner 40 à 50 coups de masse par minute.

Pour empêcher le ciseau du fleuret de s'user et pour aider à la désagrégation de la roche, l'ouvrier verse de temps en temps de l'eau dans le trou de mine ; mais lorsque la pâte formée par l'eau et la poussière gêne l'action du fleuret, on emploie la curette pour nettoyer le trou (fig. 159).

La *curette* est une tige en fer plat, recourbée à son extrémité en forme de cuiller.

Lorsque la profondeur nécessaire à la charge de poudre est atteinte, l'ouvrier introduit dans le trou un tampon d'étoupes passé dans l'œil de la *curette*, et sèche le trou de mine, avant l'introduction de la cartouche.

Lorsque le trou de mine est parfaitement sec, on introduit une cartouche qu'on pousse au fond avec un *bourroir* en fer ou en bois, ce qui offre plus de sécurité, et dont l'extrémité est demi-cylindrique (fig. 161).

On enfonce dans la partie supérieure de la cartouche, et sur le côté du trou de mine, l'*épinglette*

(fig. 160), tige en cuivre ou en fer terminée d'u[
côté par une pointe aiguë, et de l'autre par v
anneau. A l'aide du bourroir, au-dessus de |ε
cartouche, et autour de l'épinglette qui reste dans· r
trou, on chasse une bourre qui généralement e
formée de schiste argileux, de débris de calcaire ₁

On a soin, en bourrant, de faire tourner l'épi ₁
glette pour qu'elle n'adhère pas au trou, puis on ₁
retire en passant le bourroir dans l'anneau.

Cette opération, ainsi que le bourrage, doit êt
faite avec précaution, afin d'éviter la productic ₁
d'étincelles par frottement.

Lorsque l'épinglette est retirée, on place dans
trou laissé libre, des *canettes*, petits rouleaux (
papier enduits de poudre délayée et séchée.

On dispose une mèche soufrée liée d'un côté,
l'orifice du trou de mine à ces *canettes*, et ass
longue pour que l'ouvrier qui y a mis le feu ait |
temps de se retirer en lieu de sûreté.

Il est essentiel de se servir d'épinglettes en cuivr
et de les graisser dans toute leur longueur lorsqu'c
doit s'en servir ; on évite ainsi bien des chanc
d'accident.

Lorsque le trou de mine est humide, par suite (
fissures dans le terrain, on y introduit des cartoi
ches enfermées dans des toiles goudronnées ; si (
ne parvient pas à absorber l'humidité et à desséch
le trou, on procède à l'introduction d'argile desi
née à boucher les fissures.

Pour éviter les pertes de temps et les accident
on fait partir tous les trous de mine d'un atelier
la fois, lorsque les ouvriers se sont mis à l'abri d
explosions.

On remplace souvent l'usage de l'épinglette et des canettes par l'emploi de *fusées de sûreté*.

Ces fusées de sûreté consistent en une corde ronde et goudronnée, dont l'intérieur est formé d'un trou cylindrique rempli de poudre.

Cette fusée entre de quelques centimètres dans la cartouche à laquelle elle est liée, et ressort du trou de mine de 10 centimètres.

Autour de cette corde a lieu un bourrage en argile.

On évite de cette manière les accidents qui proviennent de l'enlèvement de l'épinglette.

Ces fusées sont goudronnées, et il est rare de leur voir manquer leur effet.

Lorsqu'on veut percer des trous de dimensions plus grandes, on emploie plusieurs hommes, dont *un* dirige le *fleuret* et les *autres* frappent avec des masses de 4 à 6 kilogr.

Il est indispensable de prendre des précautions lorsqu'un coup de mine a raté ; souvent la poudre ne fait pas explosion tout de suite, et les ouvriers croyant l'effet manqué, s'approchent imprudemment et s'exposent aux plus graves dangers ; il est nécessaire que les chefs de chantiers fixent un espace de temps entre l'inflammation de la mèche soufrée et la visite du trou de mine.

Après le coup de mine, les ouvriers procèdent à l'abatage avec les pics et les leviers de toutes les parties fendues et ébranlées de la roche, et si on se trouve en galerie, on doit avoir soin de ne commencer un nouveau trou de mine qu'après avoir reconnu que la roche est intacte.

10.

Le prix de l'abatage dans les excavations varie entre des limites très éloignées.

Il dépend non seulement de la dureté de la roche à entamer, mais encore de la structure de cette roche massive ou stratifiée, et plus ou moins remplie de fissures ; de la forme et des dimensions de l'excavation ; enfin de causes qu'il est possible de déterminer suivant les localités, c'est-à-dire de l'habileté des ouvriers, du prix de leur journée et du prix des fournitures, telles que éclairage, poudre, outils.

Lorsque l'excavation a lieu à ciel ouvert, les difficultés sont moindres, et cela se comprend facilement, si on songe que les massifs y sont plus dégagés, que les ateliers d'ouvriers ne se gênent pas, et que les charges de poudre peuvent être plus considérables.

Aussi le prix du mètre cube d'extraction en galerie est plus faible, à mesure que la section est plus grande.

L'abatage des pierres à plâtre se fait entièrement à la poudre.

A Argenteuil, l'abatage des pierres à plâtre à ciel ouvert coûte de 0 fr. 60 à 1 fr. le mètre cube.

On a employé la poudre à de très fortes charges, pour faire sauter de grands massifs.

Le fait s'est présenté dans l'exécution du chemin de fer de Douvres à Folkestone.

Le tracé suivait le bord de la mer et devait traverser un rocher marneux de 100 mètres environ de hauteur.

On se décida à le faire sauter en entier par la poudre.

On creusa vers la base une galerie qui, pénétrant dans le centre de la masse, servait à limiter l'action de l'explosion.

Trois autres galeries perpendiculaires à la première furent percées également, puis enfin trois puits faisant fonctions de trou de mine.

A la base de chacun de ces puits, on creusa trois chambres ayant 3^{m}33 de long, 1^{m}50 de haut et 1^{m}25 de large.

Ces trois chambres furent chargées ensemble de 9,000 kilogr. de poudre, qu'on enferma par un barrage en maçonnerie et en sable.

L'explosion fut déterminée par une batterie voltaïque, placée en arrière des chambres de mines.

Le rocher se détacha sur une longueur de 150 mètres, et alla rouler par fragments dans la mer.

Dans les tranchées, on doit proportionner le nombre des chantiers d'abatage au cube à enlever et au temps qu'on peut y mettre; ces travaux devant être poussés avec vigueur, on dispose l'excavation par banquettes successives; cette disposition facilite l'extraction des matériaux, ce qu'on se propose toujours de faire dans les travaux de terrassement lorsqu'on rencontre des bancs de roche.

Certaines précautions doivent être prises dans ce cas-là.

Il ne suffit pas que l'abatage ait lieu de la façon la plus économique, il faut encore, si l'on veut débiter du moellon et de la pierre de taille, obtenir des blocs de grandes dimensions, de formes utiles dans les constructions et de parements droits.

Lorsque dans l'excavation d'une tranchée on arrive à la roche, on profite des fissures verticales et horizontales pour extraire du moellon à l'aide de leviers, de coins et de masses.

Lorsqu'on arrive à la partie saine de la roche, on la réserve pour la taille.

On choisit des portions pouvant fournir des blocs, on les isole par des entailles latérales faites avec le pic et la pointerolle, et on pratique sur le plan horizontal une saignée peu profonde, joignant les extrémités des entailles latérales.

Dans cette saignée, on chasse simultanément une série de coins, ou bien on fait partir une série de petits coups de mine.

Les entailles latérales doivent avoir 0ᵐ35 de largeur, pour y donner accès à un homme.

Cette manière d'abattre les blocs se nomme *méthode à la trace* ; on s'en sert lorsqu'on veut obtenir des matériaux de fort échantillon.

Lorsque les roches sont tendres, les entailles se font à l'aide du pic.

La première à entamer est celle de la base dite *souschèvement*.

Lorsque ce souschèvement a atteint une suffisante profondeur, en ayant soin de soutenir le bloc avec des cales en bois, pour préserver l'ouvrier chargé de pratiquer l'entaille, on pratique les saignées latérales, et au moyen de coins fichés le long de la face non détachée on extrait le bloc.

Lorsque les roches sont dures, on peut aussi faire les entailles d'isolement par de petites charges de

poudre ; on détache ensuite les blocs isolés avec
des coins, et quelquefois par des séries de coups de
mine reliés par une même traînée de poudre.

Un procédé pour l'extraction de la roche a été imaginé et appliqué par M. Courbebaisse, ingénieur des
ponts-et-chaussées à Cahors.

Contrairement au principe d'extraction par la
poudre, qui consiste à multiplier les trous de mine
lorsqu'une grande masse doit être détachée, c'est-à-
dire à augmenter la division, M. Courbebaisse
s'applique à la diminuer au contraire, et à rendre
plus grande la profondeur et la capacité des trous
de mine.

L'effet à produire sert de base aux dimensions à
leur donner, puisqu'elles sont essentiellement variables, et l'emplacement, la direction, la capacité
doivent être déterminés, après la simple inspection
des lieux, par un mineur habile.

La perforation des trous de mine a lieu, comme
dans le procédé habituel, au moyen de barres de
plus en plus longues, et lorsque la longueur nécessaire est obtenue, un réservoir ou poche est pratiqué au fond du trou de mine par l'action de réactifs chimiques détruisant le rocher, ou par des
moyens mécaniques.

Lorsqu'on procède par trous de mine multipliés,
on opère une division très grande, on multiplie le
nombre d'agents moteurs, conséquemment on obtient également une extraction très divisée, et
comme la masse à rompre par chaque trou de
mine est peu considérable, on obtient une projection inutile et dangereuse.

En employant des trous de mine moins fréquents, mais d'une profondeur et d'une capacité supérieures, avec le même volume de poudre on opère une division moins grande, exactement suffisante, et comme la masse est considérable, on évite les projections ; de plus, la poudre, en plus grande quantité, brûle mieux et a une puissance expansive plus efficace.

Ajoutons à cela que le kilogramme de poudre à loger dans les petits trous de mine coûte de 3 à 4 francs, tandis qu'il ne coûte que 1 fr. 20 à 1 fr. 50 avec les grandes mines.

Tels sont les motifs qui ont engagé M. Courbebaisse à employer ce mode d'extraction.

Nous tirons d'une notice publiée par M. Courbebaisse la manière dont il emploie les réactifs chimiques.

Application des procédés aux roches calcaires

M'étant servi avec succès des réactifs chimiques, je n'ai pas encore employé de moyens mécaniques pour les roches calcaires.

Le meilleur réactif pour attaquer les roches calcaires, est l'acide muriatique (hydrochlorique), à cause de son bas prix et de la grande solubilité du produit de la réaction. Le carbonate de chaux qui forme les roches calcaires demande, d'après sa composition chimique, 72 0/0 de son poids d'acide hydrochlorique pur pour être décomposé, et si on emploie l'acide muriatique du commerce, d'une densité de 1,20 contenant 40 0/0 d'acide pur, chaque kilogramme de carbonate de chaux consommera pour sa décomposition 1 kilogr. 80 de cet acide du commerce.

J'ai essayé le procédé sur des masses compactes de marbre très dur et très lourd, d'une densité de 2,70 ; chaque litre de vide pouvant loger 1 kilogramme de poudre demandait donc pour sa création 2,70 $\times$ 1 kilogr. 80 ou 4 kilogr. 8 d'acide ; la quantité déduite de l'expérience s'est trouvée de 6 kilogrammes à cause des pertes de toute nature faites dans l'emploi. L'acide muriatique coûte de 10 à 12 francs les 100 kilogrammes sur les lieux de fabrication, à Rouen, Montpellier, Marseille, etc. ; en supposant qu'avec le transport et l'emballage il revienne moyennement à 20 francs, on voit qu'un litre de vide ne coûterait que 1 fr. 20 à créer, et près des lieux de fabrication d'acide, 0 fr. 70 ou 0 fr. 80.

J'exploite depuis 6 mois ces masses de marbre où je fais des tranchées de 20 à 40 mètres de hauteur, dans un défilé sur les bords du Lot ; j'ai fait partir plus de 60 mines, et contenant de 4 à 70 kilogr. de poudre par mine, et je puis parfaitement en apprécier les effets ; je vais décrire rapidement la manière dont nous avons opéré, et les résultats que nous avons obtenus.

Nous déterminons avec soin l'emplacement et la quantité de poudre de chaque mine, d'après la forme, la nature et la masse de rocher à extraire, ses fissures, son assiette et le point où nous voulons faire tomber les déblais.

Nous aboutissons à l'emplacement choisi par un trou cylindrique, le plus souvent vertical, percé avec des barres à mine ordinaires, que nous prenons seulement de plus en plus longues, à mesure que le trou s'approfondit ; on fait à peu près 1^m 50 de trou par jour.

Si les barres s'engagent, nous y remédions, soit en pilant dans le trou des fragments de rocher, soit en y versant de l'eau acidulée par de l'acide muriatique ou sulfurique.

Lorsque le percement du trou cylindrique est terminé, nous devons créer au bas de ce trou un vide suffisant pour y loger la quantité de poudre convenable ; nous commençons alors à employer l'acide ; nous versons d'abord pour nettoyer le trou, 1 litre d'acide et 2 litres d'eau ; le liquide sort presque en entier en mousse, et on enlève le reste ; cette opération dure une demi-heure.

On verse ensuite 1 litre d'acide pur en trois fois, de quart d'heure en quart d'heure, en ajoutant chaque fois autant d'eau, et on laisse travailler pendant deux heures, puis on cure le trou ; l'opération entière dure trois heures.

Le premier jour, on fait cinq fois cette opération, on use 6 kilogrammes d'acide et on crée 1 litre de vide.

On continue les jours suivants de la même manière, en augmentant toutefois progressivement, à mesure que le trou s'agrandit, la quantité d'acide et le temps de l'opération.

C'est ainsi, par exemple, que lorsqu'on a 30 litres de vide, on verse 2 litres d'acide pur suivis d'autant d'eau ; un quart d'heure après, 1 litre 1/2 avec autant d'eau ; un quart d'heure après, autant, et ainsi de suite jusqu'à ce qu'on ait rempli les deux tiers du vide ; on laisse travailler trois ou quatre heures et on cure ; l'opération dure quatre ou cinq heures, se renouvelle trois ou quatre fois par jour ; on use 40 litres d'acide et on fait 7 à 8 litres de vide.

Voici le tableau approximatif du vide créé chaque jour et de l'agrandissement de la poche :

Vide du trou sur un mètre de hauteur				3 litres
Le 1er jour, on crée 1 litre de vide, et la poche a				4
Le 2me	—	1.20	—	—	5.20
Le 3me	—	1.50	—	—	6.70
Le 4me	—	1.90	—	—	8.60
Le 5me	—	2.50	—	—	11.10
Le 6me	—	3.60	—	—	14.70
Le 7me	—	5.20	—	—	19.90
Le 8me	—	7.30	—	—	27.20
Le 9me	—	10.00	—	—	37.20
Le 10me	—	12.80	—	—	50.00
Le 11me	—	16.00	—	—	66.00
etc.		etc.			etc.

Nous versons l'acide dans le trou avec un entonnoir de cuivre, de 2 à 3 mètres de longueur ; nous curons le trou avec de petits seaux de cuivre ayant le diamètre du trou et des hauteurs de 0^m12 à 0^m50, attachés à des ficelles, et avec des torchons d'étoupe au bout de petites cordes.

On ne doit enlever le liquide que lorsque l'action est terminée, ce qu'on reconnaît aisément en versant sur le rocher le liquide retiré, qui ne doit plus agir sur lui.

Il arrive quelquefois que le trou perd le liquide par des fissures de rocher, soit au commencement, soit pendant la durée de l'opération ; la solution du chlorure de calcium que nous retirons devant nous donner le volume du liquide introduit, si on s'aperçoit à la diminution de ce volume que le trou perde, on y verse de l'eau plâtrée jusqu'à ce que les fissures bouchées par le plâtre qui s'y arrête, ne laissent plus passer le liquide ; nous avons ainsi toujours réussi à étancher ceux de nos trous qui ont perdu.

La poche terminée, on la vide avec les seaux, on la sèche avec des paquets d'étoupe qu'on y enfonce, qu'on y retourne et qu'on retire avec un tire-bourre, emmanché au bout d'une longue perche.

Pour charger, on verse la poudre, en la tassant avec une perche en bois, jusqu'aux deux tiers ; on place la mèche, on verse l'autre tiers de poudre, on remplit le trou de sable tassé avec une petite tige, et on met le feu.

L'explosion a lieu quelques minutes après, sans qu'on voie de feu, sans qu'on entende le bruit de la poudre et sans projection d'éclats ; on entend seulement un bruit sourd provenant du craquement du rocher qui est fendu et désorganisé dans tous les sens, et celui de la chute des masses détachées, lorsque la mine doit les précipiter au bas des rochers ; tantôt, en effet, les masses détachées sont précipitées, tantôt lorsque l'assiette sur laquelle elles reposent est assez large, elles sont seulement désorganisées et restent à peu près en place, comme un grand mur en pierres sèches, tout lézardé, mais on les déblaie avec la plus grande facilité.

Nous avons varié la profondeur de nos trous de 2 à 6 mètres, et la largeur du *devant* de 3 à 10 mètres ; l'action s'étend de chaque côté à une distance à peu près égale au *devant* qui charge le trou.

Nous avons essayé des trous latéraux dans les masses compactes, des trous dans les profils inclinés et dans les profils à pic, et tous avec un succès beaucoup plus grand que nous ne l'espérions.

Ce marbre était si dur et de si mauvaise qualité, qu'il coûtait de 3 à 4 francs le mètre cube à l'extraction ordinaire, que j'appelle extraction au détail, faite avec tous les soins possibles, et la moitié des matériaux était perdue par la projection dans le Lot qui coule au pied du défilé ; tandis que le rocher obtenu par l'extraction en gros, au moyen de nos grandes mines, ne nous revient qu'à 0 fr. 50 environ le mètre cube.

Nous avons aussi essayé de nos grandes mines dans une partie assisée, avec un succès complet ; il n'est pas besoin de dire que le rocher étant déjà divisé dans un sens, il nous fallait moins de poudre pour un même cube, et la division opérée était plus grande.

Nos expériences ont eu pour témoins de nombreux spectateurs qui les ont vues avec intérêt, et les résultats en sont du reste évidents sur les lieux, nous terminerons en un an, avec un faible atelier, des travaux qui auraient demandé plusieurs années avec de nombreux chantiers, et nous ferons une dépense bien inférieure, quoique ce soit la première expérience, et que nous reconnaissions tous les jours nos progrès dans l'art de bien placer nos mines.

Je donnerai ici le sous-détail du prix de revient d'une de nos grandes mines contenant, par exemple, 50 kilogr. de poudre, à une profondeur de 5 mètres, ayant un *devant* de 7 à 8 mètres.

Percement d'un trou de 5 mètres à 4 fr. le mètre 20 00
Façon de la poche 1/4 de 10 journées ou 2 journées 1/2, à 1 fr. 60 . . . . 4 00

A reporter 24 00

Report	24 00
282 kilogr. d'acide pour faire 47 litres de vide, à 6 kilogr. par litre, à 20 fr. les 100 kilogr. . . .	56 40
Faux frais de toute espèce, eau plâtrée au besoin, étoupes, etc.	1 60
Prix de la poche pour loger 50 kilogr. de poudre.	82 00
50 kilogr. de poudre à 2 fr. l'un	100 00
Faux frais pour charger et bourrer 5 mètres de mèche à 0 fr. 10, sable, étoupes, etc.	1 00
Prix de la mine.	183 00
Déblaiement des masses détachées, division des blocs trop gros, 5 petits trous de mine à 3 fr. l'un.	15 00
10 journées d'ouvriers à 1 fr. 50 l'une.. . . .	15 00
Total.	213 00

ou, en nombre rond, 220 francs.

Or, une pareille mine déblaie une masse de 5 à 6 mètres de profondeur, de 7 à 8 mètres de largeur, et de 14 à 15 mètres de longueur, cubant moyennement 500 mètres, ce qui fait revenir le prix de l'extraction à 0 fr. 44 le mètre cube, ou en nombre rond 0 fr. 50 au plus, ou le septième environ de ce qu'aurait coûté la même masse au détail.

A l'exposition de 1867, où il n'y avait aucune branche de l'industrie humaine qui ne fût représentée, nous avons vu une variété considérable d'appareils destinés, soit au *havage* ou *abatage* des roches, soit à leur perforation. Celui de ces appareils qui trouve naturellement sa place ici est l'excavateur *Trouillet*, destiné à creuser à la partie inférieure d'un trou de mine déjà préparé, la poche que M. Courbebaisse creusait à l'aide de l'acide muriatique.

Le système de M. Trouillet peut être appliqué, quelle que soit la nature de la roche.

Il consiste dans l'emploi d'appareils élargisseurs, semblables à ceux usités dans les sondages ; les uns agissent par rotation, les autres par percussion. On trouve dans les *Études sur l'Exposition de* 1867 publiées par M. E. Lacroix, une description de ces cavateurs.

Cavateur à rotation (fig. 293 à 299). — Cet appareil se compose d'une tige en fer *a*, dont l'extrémité supérieure est filetée et passe dans un écrou muni d'un volant *d* ; en tournant ce volant à la main, on fait monter et descendre la tige *a*. Cette tige pénètre au centre d'un tube en fer creux *f*. La partie inférieure de ce tube est d'une épaisseur renforcée par deux segments circulaires *r*, *r* à cordes parallèles, et présente deux ouvertures diamétralement opposées pour laisser passer les outils. Ce tube est saisi dans un manchon formé de deux parties *s*, *t* dans lesquelles il peut tourner ; la partie *t* porte les jambes en fer qui servent à fixer l'appareil contre le sol ; la partie supérieure *s* de ce manchon porte un système de roues d'angle et de manivelles qui permet de donner à ce manchon un mouvement de rotation, le taquet *y*, qui fait corps avec le tube *f*, permet à ce mouvement de rotation du manchon, de se transmettre au tube *f* lui-même. Un cône creux *w* sert à garnir l'entrée du trou de mine de façon à éviter toute oscillation du tube *f* qui le traverse ; la tige *a* porte à sa partie inférieure deux rainures inclinées qui descendent jusqu'au bas de cette tige. Lorsque la tige descend dans le tube, ces rainures pénètrent dans les rainures correspondantes que portent les burins b, b, et, par suite de leur position inclinée, ces rainures écartent les burins plus ou moins l'un de l'autre et les font sortir par les fenêtres ménagées au bas du tube f d'une quantité plus ou moins considérable, suivant qu'on abaisse plus ou moins la tige a.

La manœuvre de cet appareil est fort simple : on descend le tube f à la profondeur voulue et on cale l'instrument au moyen du manchon conique et des jambes de fer. Un ouvrier fait tourner le volant d, les burins sortent du tube f et viennent s'appuyer contre les parois du trou ; un second ouvrier tourne alors une des manivelles et fait par là tourner l'outil lui-même ; à chaque fois que le tube fait un tour dans son axe, l'ouvrier qui tient le volant fait tourner la tige a, et ainsi de suite jusqu'à ce que cette tige soit arrivée à l'extrémité de la course ; on la remonte alors, les burins rentrent dans le tube f ; on relève celui-ci de la hauteur des burins b, b ; on cale de nouveau l'instrument et on recommence l'opération ; on continue ainsi, en allant de préférence de bas en haut sur tout la longueur à élargir, afin de ne pas être gêné par les détritus. On peut, par ce moyen, faire des trous cylindriques ou des cavités de 0^m12 de diamètre. On a soin d'introduire de l'eau pendant le travail de l'outil.

Cet instrument à rotation agit plus rapidement et plus économiquement que celui à percussion. Toutefois, dans les roches dures telles que le granit, le silex, les porphyres, etc., les burins d'acier s'usent trop rapidement ; on leur substitue alors les outils en fer garnis de diamants noirs ; dans ce cas, l'outil est mis en mouvement par un moyen mécanique ; suivant la dureté de la roche et la vitesse qu'on donne à l'outil, on peut faire une chambre de 0^{m}50 de hauteur et de 0^{m}12 de diamètre dans deux à trois heures.

On remarquera que l'emploi de cet appareil suppose qu'on a creusé au préalable, par les moyens ordinaires, un trou de mine pour donner passage au tube f ; c'est ce trou qu'on élargit avec le cavateur. Il faut avoir soin de le creuser d'environ 1 mètre plus profond que la hauteur à laquelle on veut faire la chambre ou élargissement, afin de loger les détritus ; il faut que ce trou soit, autant que possible, régulièrement cylindrique. On remarquera également que, vu le diamètre des tubes du cavateur qui doivent pénétrer dans ce trou, il faut percer ce trou de mine provisoire d'un diamètre beaucoup plus grand que les trous de mines ordinaires qui n'ont que 0^{m}035 à 0^{m}045 de diamètre. Cette obligation limite l'emploi des cavateurs à certains travaux. Le poids d'un cavateur de ce genre, pouvant servir jusqu'à 3 mètres de profondeur, est de 60 kilogr. environ.

Cavateur à percussion (fig. 300 à 307). — Il se compose d'une tige d qui pénètre dans un tube creux en fer k, et fait saillie hors de ce tube ; la partie inférieure de la tige est en acier ; elle porte deux outils en acier e, e, assemblés au moyen d'une charnière qui permet à chacun d'eux de décrire un arc de cercle ; la dimension de ces outils et variable ; on commence le travail par les plus petits et on termine par les plus grands. Le tube k est plus long que la profondeur à laquelle on veut élargir le trou, il est fermé par une pièce de fer j, sur laquelle reposent deux enclumes convexes en acier *l*, *l*. Ce sont ces enclumes qui écartent les outils *e*, *e*, lors du battage de la tige ; une pièce de serrage *a*, munie de quatre menottes *n*, et formée de deux parties réunies par des boulons à écrous, sert à fixer le tube *k*, à la hauteur voulue en s'appuyant sur le collet de la vis *b*, *b* ; cette vis passe elle-même dans un écrou en fonte *c*, fixé au sol d'une façon invariable au moyen d'une clef qui pénètre dans la roche.

L'outil fonctionne de la manière suivante : deux ouvriers impriment à la tige *d* un mouvement vertical de va-et-vient, comme s'il s'agissait d'un fleuret ordinaire, pendant qu'un autre ouvrier fait tourner le tube *k* doucement et régulièrement au moyen des manettes *n* ; de cette façon les outils frappent les parois du trou à élargir suivant des lignes hélicoïdales ; quand la vis arrive à l'extrémité de sa course, on recommence, en sens contraire, jusqu'à ce que la rondelle *u*, vienne frapper le tube *k* ; cela indique que les outils sont au maximum d'écartement ; on enlève alors la tige *d*, et on remplace les burins par des outils plus grands, suivant le diamètre que l'on veut donner au trou ; ce diamètre peut aller jusqu'à 0^m30. On a soin de mettre de l'eau dans les trous afin de ménager les outils.

Lorsqu'on se sert de petits outils, la barre *d* donne 20 coups pour un tour de la vis, tandis qu'avec les grands outils on va jusqu'à 50 coups par tour de cette vis. Ce même outil peut servir comme cavateur à rotation dans les pierres tendres.

Les deux outils d'une même paire ont l'un un biseau vertical, et l'autre un biseau horizontal.

Un cavateur à percussion pouvant opérer jusqu'à 3 mètres de profondeur, pèse 100 kilogrammes.

Pour faire une cavité de 0ᵐ 30 de diamètre sur 0ᵐ 50 de haut, contenant 35 kilogrammes de poudre, il faut 50 heures de travail dans les roches d'une dureté ordinaire.

Les outils peuvent travailler sous l'eau, celui qui agit par rotation peut être employé à creuser les métaux et le bois.

L'enlèvement des détritus peut se faire par les moyens ordinaires, ou avec une curette composée d'une vis d'Archimède, dont l'enveloppe cylindrique s'élève pour la vider lorsqu'elle est amenée au jour.

Comme nous l'avons fait remarquer, l'excavateur que nous venons de décrire suppose des trous percés à l'avance ; son application exige même que ces trous soient d'un plus grand diamètre et plus longs, afin de loger la tige qui porte l'outil.

Nous venons de voir la manière dont les trous de mine se sont exécutés jusqu'à nos jours, et comment on les exécute encore dans la plupart des chantiers.

Nous allons maintenant examiner quelques procédés plus nouveaux et plus parfaits employés à creuser les trous de mine et à faire sauter les roches par l'inflammation de matières explosibles.

Parmi les appareils du génie civil qui figuraient en grand nombre à l'Exposition dernière, nous avons remarqué des dragues, des haveuses mécaniques, des machines à creuser les galeries, et plusieurs systèmes de perforateurs de roches pour creuser les trous de mines.

11.

Nous examinerons ici ces derniers, nous réservant de revenir aux autres un peu plus loin.

L'emploi du perforateur mécanique ne date guère que de 1855, époque à laquelle il fut inventé par M. Barlett et appliqué au percement du Mont-Cenis. M. Sommeillier a, depuis, quelque peu modifié cet appareil.

Plusieurs autres systèmes de perforateurs ont été aussi imagimés depuis.

Perforateur Bergstroëm. — Le perforateur à percussion de M. Bergstroëm (Suède) est mû par l'air comprimé; il se compose, (fig. 290, 291, 292) d'un tiroir d'admission destiné à distribuer l'air comprimé au cylindre moteur. Ce tiroir est composé de deux parties cylindriques A, A, faisant corps avec une tige *a*; il reçoit son mouvement au moyen de deux petites bielles S, S, qui sont elles-mêmes reliées au volant V. Un coin B commandé par une vis D munie d'une manivelle C, permet de serrer plus ou moins le tiroir d'échappement E contre sa table, c'est-à-dire faire varier la résistance qu'il oppose au mouvement qui lui est communiqué par les taquets F, F, et, par suite, de faire varier la vitesse. L'échappement se fait directement dans l'atmosphère, la partie supérieure de la boîte à tiroir étant librement ouverte dans son milieu. Au-dessous de la boîte à tiroir cylindrique se trouve le cylindre moteur G ; dans ce cylindre se meut un piston H de 0^m104 de diamètre ; sa course est de 0^m208 environ. La tige I de ce piston est venue de forge avec lui, elle porte à son extrémité la douille K qui doit recevoir le foret; elle est creuse, et dans son intérieur pénètre une autre tige cylindrique L, qui porte sur son pourtour des cavités destinées à loger des clavettes M, par le moyen desquelles elle fait corps avec le piston ; à cette tige est fixée une roue d'engrenage N, qui engrène avec une vis sans fin P ; cette vis sans fin reçoit du piston, au moyen de deux petites bielles S, S et du volant V, un mouvement de rotation qui, par la roue dentée, se transmet à la tige du piston H, c'est-à-dire au foret, et fait tourner celui-ci autour de son axe. Le foret reçoit ainsi d'une façon automatique son mouvement de va-et-vient et son mouvement de rotation.

Le mouvement d'avancement n'est pas produit par l'outil lui-même ; c'est l'ouvrier qui le donne à volonté et à la main ; à cet effet, l'ensemble de l'outil est porté sur une tige en fer forgé T, terminée à une extrémité par une pointe, et à l'autre extrémité, elle reçoit une barre munie de deux pas de vis, portant chacune une tête triangulaire ; c'est cette barre qui sert à mettre l'outil en place, en le calant entre les parois de la galerie où l'on perce, et une planche appuyée contre les cadres du boisage, par exemple, ou bien entre le toit et le mur de la galerie ; cette tige T n'est pas complètement cylindrique ; elle porte, suivant une de ses génératrices, une crémaillère, dont les dents sont saisies par un système de deux roues coniques ; l'une de ces roues X a son axe fixé au perforateur ; elle est munie d'une manivelle m, de telle sorte qu'on peut, en tournant cette manivelle, faire avancer l'outil dans les deux sens sur la barre de support T.

Le jeu de cet appareil est facile à concevoir : en ouvrant le tuyau d'admission de l'air W, en faisant tourner à la main le volant V, on mettra le tiroir d'admission AA dans la position voulue pour qu'il admette l'air sur une des faces du piston H, le piston avancera, et en même temps un mouvement de rotation sera transmis par les bielles S, S, à la vis P, et par suite à la roue N et au foret lui-même ; le volant continuant à se mouvoir, l'admission aura lieu sur la face opposée du piston, l'air qui se trouve de l'autre côté s'échappera dans la galerie, et ainsi de suite, à chaque course du piston, la tige L entraînant le foret dans son mouvement, tournera sur elle-même, toujours dans le même sens. On a soin, pour ménager les forets, d'injecter d'eau le trou pendant le travail.

Cet appareil est fort simple, il est construit entièrement en fer, en fonte et en acier ; toutes les pièces qui se meuvent sont en acier fondu ; il est très peu volumineux : son poids est de 65 kilogr. Il est destiné à travailler à l'air comprimé à la pression d'une atmosphère, et, sous cette pression, il donne 300 à 400 coups à la minute. Le diamètre des forets qui sont manœuvrés par ce perforateur, varie de 0^m018 à 0^m025.

Dix de ces appareils ont été appliqués en Suède. Les résultats moyens donnés par l'appareil sont les suivants : dans les granits, avec un foret d'environ 0^m020 de diamètre, en travaillant sous une pression d'air d'une atmosphère, on a obtenu un avancement de 2^m20 par heure, c'est-à-dire un avancement environ cinq fois plus considérable qu'on ne l'obtient par le forage à la main des coups de mines.

Le perforateur est bien combiné : il est d'une construction solide, sujet par cela même à peu de dérangements ; il est, d'ailleurs, d'un prix modéré.

Il pourrait facilement être installé sur un chariot qui rendrait son maniement plus facile pour les grands travaux.

La seule objection qu'on puisse faire, c'est qu'il n'est pas complètement automatique, puisque l'avancement de l'outil doit être donné à la main, ce qui nécessite une attention soutenue de la part de l'ouvrier qui le conduit.

Cet appareil nécessite l'emploi d'un moteur pour comprimer l'air et d'un réservoir pour accumuler l'air comprimé et régulariser sa pression. On peut estimer à quatre ou cinq chevaux la force nécessaire pour comprimer l'air destiné à faire mouvoir ce perforateur.

Perforateur La Roche-Tolay (fig. 308, 309). — Cet appareil a été appliqué par la Compagnie du Midi, à la construction du chemin de fer latéral à la Garonne. Il est à rotation et à pression directe, sans l'intervention de l'homme. Voici la description qu'en donne M. Oppermann, dans ses *Visites d'un ingénieur à l'Exposition*. Il se compose d'un arbre hexagonal en acier fondu de 1ᵐ450 de longueur et percé d'un bout à l'autre d'un trou de 0ᵐ16 de diamètre. Cet arbre reçoit à l'une de ses extrémités des outils de formes diverses pour creuser des trous de mine. On peut employer des forets en acier, des mèches ou fraises en acier, ou mieux la bague Leschot garnie de diamants.

L'autre extrémité de l'arbre porte un piston en bronze de 0ᵐ110 de diamètre, qui, sous l'impulsion de l'eau employée comme force motrice, exerce sur le foret la pression nécessaire pour déterminer son avancement. On peut faire varier cette pression à volonté. La pression de 700 kilogr. exercée sur le foret, a été reconnue suffisante en pratique pour les roches les plus dures.

L'arbre portant le foret traverse une douille en fer prise entre deux coussinets placés à l'avant du bâti. Cette douille est munie d'un petit pignon conique auquel un arbre en bronze transmet le mouvement par l'intermédiaire d'une roue en bronze calée sur l'arbre du moteur.

Le moteur se compose d'un cylindre horizontal en bronze, boulonné sur le bâti du perforateur ; le cylindre porte à sa partie supérieure une tubulure coudée à laquelle s'adapte un tuyau en caoutchouc amenant l'eau motrice.

Dans ce cylindre est disposé un tube en bronze dit *régulateur*, percé de lumières à ses extrémités. Il reçoit un mouvement de va-et-vient au moyen d'un excentrique venu d'une seule pièce avec l'arbre moteur. Deux boîtes garnies de segments en bronze, poussés par des ressorts en acier, maintiennent le régulateur. Dans le cylindre se meut un piston de 0^m055 de diamètre, garnis de cuirs emboutis qui sous la pression de l'eau motrice, est animé d'un mouvement alternatif de va-et-vient. Sa course est de 0^m120. Il transmet le mouvement, au moyen d'une bielle B à l'arbre coudé C qui porte deux petits volants V.

Pour retirer le fleuret lorsqu'un trou est percé, on fait arriver l'eau sur la face antérieure du piston en permettant en même temps la vidange du cylindre. L'arbre qui porte le foret est monté à l'intérieur d'un bâti en bronze, parfaitement alésé, sur 1^m40 de longueur, dans lequel se meut un piston propulseur.

On peut ainsi percer des trous de $0^m 90$ à 1 mètre de profondeur, et $0^m 035$ à $0^m 060$ de diamètre.

D'après les expériences faites avec la bague annulaire Leschot, on a constaté qu'une dépense de 75 litres d'eau à 8 atmosphères, produit 100 tours du foret qui réalisent les avancements suivants :

Micaschistes, de 10 à 30 millimètres ;

Calcaire dolomitique très dur, 20 millimètres ;

Quartz du Mont-Cenis, 14 millimètres.

La machine faisant 250 tours à la minute, on obtient alors dans le même temps l'avancement suivant :

Micaschistes, $0^m 025$ à $0^m 075$;

Quartz du Mont-Cenis, $0^m 035$;

Calcaire dolomitique très dur, $0^m 050$.

Le prix d'une bague Leschot avec ses diamants est de 170 francs environ ; l'usure des diamants représente 0 fr. 25 par trou de mine percé.

On évalue, sans tenir compte des frais d'installation, le prix d'un mètre courant de trou de mine, qui coûte 6 francs par les moyens ordinaires, à 4 fr. 50.

Perforateur de M. Leschot. — Ce perforateur n'a d'autre particularité saillante que sa bague annulaire en diamants noirs, espacés de 7 à 8 millimètres, et faisant saillie de $0^m 0005$ au plus.

Sous l'action combinée d'un mouvement de rotation et d'une pression variable suivant la nature des roches, cette bague, emmanchée sur le porte-outil, creuse une rainure annulaire, laissant au centre un noyau facile à détacher. M. Oppermann, dans ses *Visites à l'Exposition*, donne une description détaillée de cet appareil, du poids de 160 kilogr., coûtant

environ 1,500 francs, plus 130 francs pour la cou
ronne en diamants noirs, de 36 millimètres de dia
mètre.

Perforateur Jacquet (fig. 320 à 325). — Le perfo
rateur exposé par M. Jacquet, d'Arras, est le plu
simple de tous ceux que nous avons vus. Il ne fonc
tionne, à vrai dire, qu'à la main, mais la simplicit
de marche de cet appareil, qui n'exige ni installatio
ni moteur, est une recommandation sérieuse pou
assurer son emploi dans les carrières de pierre
tendres, à l'exclusion des barres à mine.

La mèche M creuse la pierre par un mouvemen
de rotation continu, produit à la main au moye
d'une manivelle. Cette manivelle, par une dent
qu'elle porte, agit en même temps sur une vis V
servant de douille à la tige du porte-mèche, et l
fait mouvoir dans son écrou. La vis entraîne l
mèche dans son mouvement de translation et pro
duit sur elle une pression constante qui règle so
avancement.

Dans les pierres tendres, la dent de la manivell
reste embrayée sur le manchon de la vis. L'avance
ment de l'outil est alors, pour chaque tour, égal a
pas de vis, soit 8 millimètres, et en même temp
proportionnel à la vitesse imprimée à la manivelle
Dans les roches dures, le mouvement de rotation d
la mèche peut-être rendu indépendant de son avan
cement, c'est-à-dire que la tige de la mèche peu
tourner dans la vis sans l'entraîner. Il suffit de dé
brayer la manivelle en la reculant un peu, et de n
la mettre en contact, avec le manchon de la vis
que par intervalles, pour maintenir sur la mèch
une pression proportionnelle à la dureté de la roche

La figure 320 fera comprendre le jeu de diverses parties de l'appareil. L'écrou portant la vis et l'outil peut être élevé et abaissé en faisant glisser le support S dans la rainure *m m'*. La vis et la mèche peu·vent d'ailleurs prendre toutes les inclinaisons en exerçant toujours une pression normale sur les oreilles du support. Enfin, l'appareil peut lui-même être fixé dans toutes les positions et toutes les hauteurs au moyen de la coulisse *m m'* et de la vis B.

Un perforateur ingénieux est également celui de M. Doëring (Prusse).

Pour ne pas sortir du cadre de ce traité, nous renvoyons pour cette description aux *Études sur l'Exposition*, par E. Lacroix, sixième fascicule, auquel nous avons emprunté plusieurs des renseignements qui précèdent et qui suivent. Nous nous bornerons aussi à mentionner seulement le perforateur américain de M. Haupt, qui nous a paru présenter comme inconvénient l'emploi de la vapeur dans un endroit non aéré.

Sautage des trous de mines

Après avoir passé en revue les divers moyens pour percer les trous de mine, examinons maintenant les moyens employés pour les bourrer et pour les faire éclater.

Nous avons dit précédemment qu'en Angleterre, on substituait depuis longtemps l'usage des fusées ou mèches de sûreté, à celui de l'épinglette.

Cette substitution, qui date de 1833, est due à l'initiative de M. W. Bickford, leur inventeur et associé de la maison Bickford, Davey, Chanu et Comp., qui sont les premiers qui aient fabriqué ces mèches, aujourd'hui d'un usage si général que cette maison a dû établir plusieurs succursales à Rouen, Marseille, Stockholm, etc. Ces mèches furent appliquées pour la première fois aux travaux du port de Kingstown (Angleterre), et depuis à divers autres, principalement au chemin de fer de Cherbourg et de Brest, au port de Marseille, au tunnel du Mont-Cenis, et à Paris, aux travaux du Trocadéro.

Elles consistent essentiellement en une corde tressée et goudronnée, contenant dans son axe une traînée de poudre ; cette corde est formée de neuf fils de chanvre ou de coton enroulés de gauche à droite en hélices parallèles et jointives autour de la poudre qui en occupe le centre ; une deuxième enveloppe extérieure est formée par cinq fils plus fins enroulés de droite à gauche en hélices juxtaposées, mais non jointives. Pour se servir de ces mèches, on les coupe de la longueur voulue, de façon à ce qu'une des extrémités fasse saillie de quelques centimètres hors du trou de mine ; l'autre extrémité pénètre dans la charge de poudre qui est enfermée dans une cartouche de papier fort, graissé ou non, ou de toile goudronnée ; la mèche se loge le long des parois du trou. Il se comprend que l'on supprime ainsi l'emploi de l'épinglette, qui était une source de danger par suite des chocs qu'elle pouvait recevoir du bourroir lors du bourrage du coup de mine ; l'emploi d'épinglettes et de bourroirs en cuivre n'a pas supprimé complètement ce danger ; de plus, tandis que l'épinglette dans un trou de mine de 0^m03 de diamètre, laisse un vide de 0^m01 environ, le canal qui reste après la combustion de la poudre de la mèche est seulement de 0^m004 de diamètre.

Pour bourrer le trou tout autour de la mèche de sûreté, il n'y a d'autre précaution à prendre que d'éviter l'introduction dans le bourrage des fragments de roches qui pourraient couper la mèche et lui communiquer le feu ; il est facile d'éviter cet inconvénient en triant les débris qui servent à ce bourrage ; on met ensuite le feu à la mèche, elle brûle avec lenteur à raison de $0^m 50$ par minute environ dans un trou bourré, ce qui permet à l'ouvrier de se mettre à l'abri de l'explosion ; à l'air libre ces mèches brûlent à raison de $1^m 25$ par minute ; elles contiennent de 11 à 12 grammes de poudre par mètre courant.

On comprend du reste l'importance de cette invention, et les grands services qu'elle a rendus dans tous les pays, sont faciles à imaginer. Les avantages de ces mèches se résument en deux points : 1° Une grande sécurité pour les ouvriers employés au sautage des mines ; 2° une économie sur les frais du tirage à la poudre, l'expérience ayant démontré que l'emploi des fusées permet de diminuer le poids de la charge d'un trou de mine donné, tout en réalisant une économie notable sur le temps employé au chargement du trou, et que de plus les coups amorcés avec des mèches ratent moins souvent que ceux amorcés avec l'épinglette.

Parmi les types principaux que présentent ces mèches de mineurs, nous citerons : celles destinées au tirage des mines dans les terrains secs, dont l'enveloppe extérieure est en coton ordinaire ; les mèches dont l'enveloppe extérieure est goudronnée pour le travail dans les terrains humides et marécageux. Dans les terrains où la proportion d'eau est encore

plus considérable, on emploie des fusées avec enve
loppes de gutta-percha ; mais comme le prix de cet
substance est assez élevé, on a utilisé la paraffir
pour en faire l'enveloppe extérieure des mèche
hydrofuges ; on réalise ainsi une diminution de pr\[c
sur les mèches à enveloppes de gutta-percha. O
fabrique également des mèches dont la corde e
entourée d'une enveloppe métallique en plomb, \[
qui présente une grande résistance à l'action d
bourrage. Les mèches qui sont destinées à êtr
employées dans les travaux mal aérés sont fabriqué
de façon à donner le moins de fumée possible. Ce
différents types varient d'ailleurs, suivant les éta
blissements qui les fabriquent.

L'emploi de ces mèches de mineurs permet d
mettre le feu simultanément à plusieurs mines a
moyen de la bobine d'induction ; dans ce cas, on a
soin d'introduire dans le centre de la charge d
chaque trou une petite cartouche entourée de fil
de cuivre, recouverts en gutta-percha. Ce procéd
a été employé aux carrières de Frioul, près Mar
seille, pour extraire la pierre destinée à forme
les blocs artificiels employés à la construction de
jetées du pont Napoléon. La cartouche qui reliait le
deux extrémités des fils entre lesquels devait s
produire l'étincelle contenait du fulminate de mer
cure. On a fait sauter par ce procédé, en 1860
notamment, deux galeries contenant chacun
10,000 kilogr. de poudre.

On s'est servi, dans certaines occasions, d'un
substance chimique d'une grande puissance, la ni
troglycérine, proposée par M. Nobel, ingénieur sué
dois. Elle fait explosion à 183°, et donne un volum

vapeur 3,000 fois plus grand que le volume liquide initial. A volume égal, son activité est 13 fois plus grande que celle de la poudre, à poids égal elle est 8 fois plus grande.

Malgré cette puissance d'explosion, l'emploi de la nitro-glycérine a été restreint par suite de la méfiance naturelle qu'elle inspire ; sa vapeur est un poison énergique et cause des maux de tête aux ouvriers, si le chantier n'est pas assez aéré. Elle est très explosible. M. Nobel a proposé de la rendre inexplosible en la mélangeant avec de l'esprit-de-bois, d'où on la précipite au moment de s'en servir, en ajoutant une certaine quantité d'eau avec laquelle l'esprit-de-bois se mélange. Mais cette précaution, peut-elle suffisante, n'a pas permis la vulgarisation de l'emploi de cette substance dont M. Nobel lui-même a été victime.

CHAPITRE XII

Terrassements

Comparaison des moyens de transport

Le tracé d'un chemin de fer se détermine d'après des considérations tendant toutes à diminuer les frais d'établissement et à augmenter le rendement futur du chemin.

La voie de fer est maintenue autant que possible au moyen de pentes et de contre-pentes, au niveau du terrain, et lorsque cette condition peut être remplie, il en résulte une économie considérable, à cause du faible mouvement de terres exigé.

Mais ces avantages qu'offre le sol dans certaines parties de la France, sont assez rares.

Il peut arriver qu'on soit obligé de faire traverser à un chemin de fer une vallée suivie d'une montagne, ou que partant d'un point, on se trouve obligé d'arriver dans une longueur donnée, à une grande hauteur, et que cette longueur soit sillonnée de collines et de vallées.

Le moyen le plus simple, le seul en quelque sorte, consiste à placer la surface du chemin de fer dans une moyenne constante entre les points les plus élevés et les plus bas du terrain.

Souvent ce niveau est déterminé par la condition que les remblais seront compensés par les déblais, y compris le foisonnement; mais il ne faudrait pas regarder ce procédé comme le seul praticable et rtout le plus économique. Souvent l'achèvement prompt des travaux est la considération la plus importante aux yeux des administrateurs d'un chemin de fer, et l'élévation des dépenses occasionnées par des moyens plus coûteux, mais plus expéditifs, est d'un mince intérêt, lorsqu'il s'agit, par un prompt achèvement des travaux, de compenser et même de dépasser, par une exploitation fructueuse, les frais nécessités par le système adopté.

Il serait donc peu avantageux de s'arrêter sans examen au système de compensation de déblais et de remblais.

Le second système consiste à retrousser les terres d'une tranchée à excaver sur les bords de la crête supérieure et les terrains avoisinants, et à former les remblais par des *emprunts* ou tranchées faites au long du chemin de fer.

Le système par compensation n'est pas entièrement exclusif ; lorsque les transports sont trop grands et que les terrains sont d'un prix modéré, on a recours souvent au système d'emprunts.

Lorsque ce transport atteint 600 mètres et que les terrassements ont lieu au tombereau, il paraît plus avantageux de former les remblais au moyen de terres extraites d'un emprunt.

Le système par compensation a l'avantage de n'opérer qu'un mouvement de terres absolument nécessaire, et de n'exiger que l'achat des terrains indispensables pour l'établissement du chemin de fer.

Le transport vertical est nul. Ce système nécessite un matériel considérable qui, s'il appartient aux entrepreneurs, ne pèse pas moins lourdement sur le chiffre des dépenses.

On conçoit, en outre, qu'il n'est pas possible d'a[t]-
taquer les travaux sur tous les points, à cause d[e]
travaux d'art dont l'établissement gênerait la circ[u]-
lation des transports.

Dans le système par emprunts, on a l'avantag[e]
d'attaquer les travaux sur tous les points et d[e]
n'employer qu'un matériel moindre ; mais aussi l[e]
mouvement des terres est double, et le transport ve[r]-
tical étant uniquement employé, est plus coûteu[x].

Ce système exige aussi un achat considérable d[e]
terrains pour les dépôts en cavalier et l'extractio[n]
des terres destinées à l'élévation des remblais.

EXÉCUTION DES TERRASSEMENTS PAR COMPENSATIO[N]

Dans un terrassement, il faut considérer tro[is]
points sur lesquels trois manœuvres différentes on[t]
lieu :

1° Le point de chargement ;

2° La distance entre le point de chargement et l[e]
point de déchargement ;

3° Le point de déchargement.

Point de chargement

L'exploitation d'une tranchée a lieu de deux ma[ni]-
nières différentes, quelle que soit la profondeu[r]
qu'on veut lui donner ; nous les examinerons toute[s]
deux, en supposant le transport exécuté sur de[s]
voies de fer et au moyen de vagons de terrassement[s].

Première méthode

Lorsque la profondeur d'une tranchée ne dépass[e]
pas 7 mètres, on l'attaque sur une seule assise.

en multipliant les chantiers, comme nous le verrons plus loin, si sa longueur l'exige.

Si la profondeur dépasse 7 mètres, on l'attaque par couches successives allant se rejoindre par des plans inclinés.

Parlons d'abord de l'exploitation d'une tranchée ne dépassant pas 7 mètres.

La plate-forme d'un chemin de fer étant d'environ 12 mètres, on commence par déblayer le profil de la tranchée, au moyen de brouettes et de tombereaux, sur une longueur suffisante pour établir quatre voies parallèles, pouvant contenir chacune deux vagons de terrassement, et de façon à ce que ces quatre voies puissent se réunir d'abord en une seule, pour se diviser ensuite en deux, au niveau 0 du chemin de fer, c'est-à-dire à l'intersection du déblai et du remblai.

Le moyen le plus simple qu'on puisse employer est de placer quatre vagons de front sur ces quatre voies, et d'excaver parallèlement, pendant que deux vagons placés sur les voies 1 et 4, à la suite des premiers, terminent les côtés latéraux de la tranchée (fig. 180).

Mais le front de chaque vagon n'étant que de trois mètres, l'excavation marche lentement, et si le moyen est le plus simple, il est en même temps le moins expéditif.

Il est donc indispensable d'arriver à une méthode plus rapide.

Supposant donc qu'on divise le déblai par tranchées de 20 mètres, et que quatre vagons de terrassement, placés sur la voie 2, et travaillant de front et latéralement, commencent par excaver les parties

2', 1', et 2", et reprenons le travail à partir de ce moment (fig. 181, 182, 183).

Quatre vagons de terrassement placés en 2" déblaieront la partie 1", pour l'avancement de 1 en 1", et la partie 2''', pour l'avancement de 2" en 2'''.

Pendant ce temps, quatre vagons de terrassement placés en 1' déblaieront a'.

De même, quatre vagons placés sur la voie 3, et quatre vagons sur la voie 4 feront le même travail.

On aurait seize vagons employés à l'excavation, sur un plus large front ; mais, comme on le voit, le travail est inégalement réparti sur chacun de ces ateliers.

Il est donc nécessaire, pour que l'avancement soit le même pour chacun d'eux, que le contingent de travail à exécuter soit le même aussi.

Voici la manière dont on s'y prend :

Les deux voies du milieu doivent être poussées en avant, le plus activement possible, pour ne point arrêter, dans leur avancement, les deux voies extrêmes.

Supposons la situation des travaux dans l'état suivant :

1', 2", 2''' sont excavés complètement, 2''' a été excavé de la manière suivante : les 3/4 de la profondeur ont été fouillés et retroussés sur 1''' ; le dernier 1/4 a été enlevé.

Des piocheurs et des chargeurs sont occupés à fouiller 2^{IV} sur les 3/4 de la profondeur, et à les retrousser sur 1^{IV}.

Deux vagons sont placés en 1', à fouiller et charger a'.

Un vagon placé à l'extrémité de 2''' fouille et charge le dernier quart de 2^{IV}.

Trois vagons placés sur 2''' chargent les terres retroussées en 1''' et suivent le vagon chargeant 2^{IV}.

Quatre vagons placés en 2''' fouillent et chargent 1'', pour ouvrir la route aux deux vagons placés en 1' qui chargent a'.

En tout quatre ateliers.

Le premier est composé de 1 vagon.

Le deuxième   —   de 3   —

Le troisième   —   de 4   —

Le quatrième   —   de 2   —

Or chaque tranche égale à 1', 1'' cube, si la profondeur de la tranchée est, par exemple, de quatre mètres, chaque tranche cube $20 \times 3 \times 4 = 240$ mètres cubes.

Le premier atelier fouille et charge $20 \times 3 \times 1 = 60.$

Le deuxième   —   — $20 \times 3 \times 3 = 180.$

Le troisième   —   — $20 \times 3 \times 4 = 240.$

Le quatrième   —   — $\dfrac{20 \times 3 \times 4 = 120.}{2}$

Mais comme ces ateliers sont composés :

Le premier de 1 vagon ;

Le deuxième de 3 vagons ;

Le troisième de 4 vagons ;

Le quatrième de 2 vagons,

il s'ensuit que le travail de chaque atelier s'opère pendant la même durée de temps.

L'exploitation continue ainsi avec beaucoup de régularité, et les vagons de terrassement de tous les ateliers peuvent être conduits en même temps à la décharge.

Cependant, il faut remarquer que les ouvriers employés à l'atelier 2, n'ayant à charger que des terres déjà excavées, doivent être en moins grand nombre, puisque cet atelier ne doit contenir que des chargeurs.

Le côté droit de la tranchée s'exploite de la même manière.

La réunion de ces ateliers forme ainsi vingt vagons.

Lorsque les travaux doivent être menés avec une grande rapidité, on augmente le nombre des vagons employés sur chaque atelier, mais en suivant le principe que nous venons de poser.

Il est pourtant nécessaire de ne point trop les multiplier, afin que le train de vagons menés à la décharge ne soit pas trop considérable.

Les quatre voies d'exploitation, au point de chargement, sont parallèles dans toute leur longueur, qui ne doit pas dépasser, dans le cas que nous venons d'examiner, plus de 80 mètres.

A l'extrémité du chantier, ces quatre voies se réunissent en une seule qui se partage immédiatement en deux voies.

Ces deux voies se prolongent jusqu'au point de déchargement.

L'une est destinée au roulage des vagons pleins, l'autre au retour des vagons vides.

C'est donc sur cette seconde voie, à l'entrée du changement de la voie unique en deux voies, que se trouve le dépôt de vagons vides.

Lorsque les vagons de terrassement d'un atelier sont pleins, des chevaux les amènent sur la voie allant à la décharge, et sont attelés à des vagons vides du dépôt, pour être conduits au chantier.

Pendant cette manœuvre, piocheurs et chargeurs fouillent la terre.

Cependant, comme c'est une occasion de ralentissement du travail pour l'ouvrier, il est indispensable de diminuer ce temps, autant que possible, en rapprochant le dépôt des vagons vides du chantier.

A mesure que la tranchée avance, les croisements sont déplacés, et de cette façon le dépôt se trouve toujours à la même distance. Cette distance peut varier, suivant le mode de croisements adoptés, et suivant que les rails sont définitifs ou appropriés aux terrassements.

Néanmoins, cette distance ne peut jamais dépasser 90 mètres, à partir du moment où les quatre voies peuvent cesser d'être parallèles, lors même qu'on emploierait les rails et changements de voie en usage dans les chemins de fer en exploitation.

Il est possible, avec des voies et croisements provisoires, de réduire ce chiffre à 60 mètres.

La méthode que nous venons de décrire permet d'imprimer aux travaux une grande activité

Il est essentiel qu'un entrepreneur se pénètre bien de cette pensée, qu'une fausse manœuvre est une cause de perte incalculable, et qu'il doit organiser son chantier avec une grande régularité, afin que tout ce qui est pour lui un objet de dépense lui rende le travail obligé, sans aucune perte de temps.

Ainsi, dans une bonne organisation, il faut que les ouvriers employés, les chevaux faisant les transports, le matériel en service, soient constamment occupés, sans qu'il y ait chômage, sans qu'il y ait ralentissement dans le travail.

12.

Autrement, il y a perte, et la ruine de l'entre-preneur ne provient souvent que d'une organisation défectueuse.

Lorsqu'une tranchée doit être ouverte sur une grande longueur, on peut ouvrir plusieurs ateliers dont le nombre et la distance dépendent de la rapidité qu'on veut imprimer aux travaux (fig. 184).

Ces ateliers sont composés de la même façon, les voies sont disposées de la même manière. Chaque atelier a ses quatre voies d'exploitation qui se réunissent en une seule, se partageant ensuite en voie de vagons pleins, et voie de vagons vides.

Le long de la tranchée, et de chaque côté, se trouve une voie, qui partant du premier chantier placé en avant, se continue jusqu'au dernier, et va se raccorder avec l'une des deux voies de ce dernier chantier.

Chacune des deux voies de chaque chantier va rejoindre la voie longitudinale.

Il s'ensuit que lorsque les vagons de terrassement d'un atelier sont pleins, on les amène à la voie des vagons pleins, et on ramène au chantier les vagons vides placés au dépôt respectif.

Ces vagons sont ensuites menés à la voie placée sur les bords de la tranchée.

Des chevaux prennent successivement tous ces dépôts partiels de vagons pleins, et les amènent à la décharge.

Ils ramènent de la même manière, sur la voie placée de l'autre côté de la tranchée, les vagons vides qu'ils conduisent à chaque dépôt particulier.

On établit ainsi deux voies, parce que, dans un grand chantier, chaque transport n'est pas com-

posé des mêmes chevaux, et on évite ainsi la rencontre de deux trains plein et vide.

L'entrée de tous les chantiers successifs a lieu
au moyen d'une pente d'un dixième.

Les embranchements, dans les tranchées de peu
de profondeur, dont nous venons de décrire l'exploitation, étant fort simples, peuvent être déplacés
avec facilité et rapidité, de façon à ne pas interrompre le travail d'un atelier.

On a soin d'avoir des voies toujours prêtes à la
naissance des embranchements, puisque ce sont
les deux voies de dépôt qui seules subissent un
allongement.

On a encore soin de n'avancer les appareils de
changements et de croisements que d'une distance
égale à un certain nombre de rails exact, de sorte
qu'il est facile de remplir l'espace vide laissé derrière les embranchements.

Lorsque la tranchée à ouvrir doit avoir une
grande profondeur, on l'exploite par couches successives de cinq à huit mètres de hauteur.

Toutefois, comme les couches supérieures ont
une plus grande largeur, on a soin d'augmenter le
nombre des voies d'exploitation.

Si on se suppose dans une tranchée de 15 mètres,
la plate-forme à 5 mètres de la crète, et par conséquent à 10 mètres au-dessus du niveau du sol de
la tranchée, sera de 32 mètres.

Il est donc facile d'y établir six voies parallèles qui, se réunissant deux à deux, forment trois
voies.

Ces trois voies, au moyen d'un croisement, n'en
forment plus qu'une seule qui se partage, comme

dans la méthode précédente, en deux voies : voie des vagons pleins et voie des vagons vides.

Ces deux voies viennent rejoindre par une pente d'un dixième, le niveau des deux voies de dépôt du chantier de la couche inférieure, et successivement les deux voies de dépôt et de circulation des vagons pleins et vides sont liées, jusqu'au chantier du fond de la tranchée, d'où elles vont rejoindre la décharge.

Dans le cas de la tranchée de 15 mètres, trois chantiers de chargement suffisent.

Le premier sur un front de 32 mètres, ne comporte que six voies qui, cette fois, ont chacune un front d'environ 5 mètres.

Les deux autres ne comportent, comme dans les tranchées de petite profondeur, que quatre voies.

Les pentes allant rejoindre les chantiers sont formées sur le talus même de la tranchée et disparaissent lors du travail des reprises.

Cette méthode, qui consiste à n'employer que vingt vagons sur chaque chantier, a l'avantage de rendre fort courte la distance qui existe entre la partie exploitée et le dépôt de vagons vides, et de réduire le nombre des embranchements.

Une autre méthode suivie par quelques entrepreneurs ne possède pas ces avantages; mais en revanche, elle est plus expéditive en ce qu'elle permet d'employer un plus grand nombre de vagons, et de profiter ainsi de l'étendue du front obtenu par la largeur de la plate-forme.

Au reste, dans la méthode que nous avons décrite, il serait possible d'en profiter également, mais il faudrait augmenter le nombre de voies parallèles, ce qui occasionnerait une multiplication d'embranchements et une complication dans la manœuvre des vagons pleins et vides.

Nous allons décrire l'autre méthode, que nous avons représentée à la figure 185.

Le chantier est divisé en six ateliers, dont chacun est exploité par une voie; celui qui est le plus avancé est garni de deux voies écartées de trois mètres d'axe en axe.

Le chantier 1 est déblayé sur les deux tiers de sa hauteur, et les terres sont retroussées sur le massif faisant le front du chantier 2.

Sur la voie *a* du chantier 1, se trouvent quatre vagons, dont le premier sert à enlever les terres d'une partie du dernier tiers à enlever, et la voie *b* du chantier 1 est pourvue de onze vagons, dont le premier sert à déblayer et à enlever les terres restant de ce tiers.

Les trois autres vagons, durant le même espace de temps, reprennent les terres latérales depuis la crête de la tranchée jusqu'au niveau de cette tranchée provisoire.

Les vagons 2, 3, 4, 5 de la voie *b* reçoivent les terres retroussées sur le massif latéral formant le front du chantier 2, et les six derniers vagons chargent les terres de ce massif.

On comprend que ces dix vagons se partagent les terres, suivant leur position, car il est clair que le vagon qui est en tête avance toujours et leur laisse le champ libre.

Chacun des chantiers 2, 3, 4, 5, est garni de six vagons recevant également le massif latéral formant le front de devant du chantier suivant.

Le chantier 6 n'est garni que de trois vagons, puisqu'il ne doit enlever de la voie *a*, que la moitié du cube, c'est-à-dire le prisme triangulaire masquant le talus.

Cette méthode permet d'employer ainsi quarante-deux vagons.

Le système de liaison entre ces différentes voies est nécessairement fort compliqué, il l'est d'autant plus que pour éviter la rencontre des vagons pleins avec les vagons vides, on est obligé d'établir entre chacune des deux voies de dépôt et les sept voies d'exploitation, deux communications parfaitement distinctes.

Il est vrai qu'on a soin de mettre entre les deux voies obliques opérant ces communications assez de distance pour établir, sur les prolongements des voies d'exploitation, des dépôts particuliers, mais il n'est pas moins vrai que c'est une complication fâcheuse et un grave inconvénient, surtout quand on pense que de la première voie d'exploitation au dépôt général il ne peut y avoir moins de 300 mètres.

Les autres chantiers s'organisent de la même manière, et vont se rejoindre les uns les autres au moyen de pentes de $1/10^e$, par les deux voies de circulation de vagons pleins et vides.

Ainsi, quelle que soit la hauteur d'une tranchée il est facile de ramener le travail au premier cas qui consiste à ouvrir une tranchée de peu de hauteur.

Le mode d'exploitation que nous venons de décrire et que nous avons nommé *première méthode* commence à être abandonné, et depuis quelqu temps a fait place à un nouveau système qui paraît devoir donner des résultats meilleurs.

L'établissement d'embranchements au moyen de changements et de croisements de voie, est un surcroît de dépenses.

Le déplacement continuel auquel ces appareils doivent être soumis, produit une perte de temps, une interruption dans le travail qui augmente considérablement le chiffre des faux frais.

Si on ajoute à tout cela les retards causés par les détériorations inévitables et très fréquentes de ces appareils, on comprendra aisément qu'on ait cherché à simplifier un système évidemment compliqué.

Deuxième méthode. — Tranchées de profondeur de 6 mètres et au-dessous

Au niveau définitif du chemin de fer, une excavation de 6 mètres de largeur a lieu, dans l'axe du tracé. Deux voies parallèles sont posées dans cette excavation qui est poussée avec activité, de façon à prolonger ces deux voies et à augmenter le nombre des vagons en chargement.

Lorsque cette tranchée est suffisamment longue pour pouvoir loger un train de vagons sur chacune des deux voies, l'excavation continue latéralement, jusqu'au niveau supérieur des vagons, et les débris sont jetés directement dans les vagons.

Dès que, sur la partie latérale à l'excavation longitudinale, il a été établi une plate-forme, au niveau supérieur des vagons, des madriers sont placés en travers sur la tranchée longitudinale;

au-dessus des vagons, et étayés au besoin dans
l'entrevoie (fig. 186).

Les fouilles ont lieu à droite et à gauche, enlevées à la brouette et jetées directement dans les
vagons dont l'accès est rendu facile au moyen des
madriers.

Cette fouille a lieu dans toute la largeur de la
tranchée jusqu'au niveau supérieur des vagons.

Nous donnons aux figures 213, 214, 215, une
disposition semblable, que nous avons empruntée
au chemin de fer d'Orléans à Bordeaux.

Le chargement n'a jamais lieu que sur un train
placé sur une des deux voies.

Lorsque ce train est plein, les ouvriers passent
de l'autre côté, et chargent le train placé sur l'autre
voie, pendant que des chevaux emmènent le train
de vagons pleins, et le remplacent par un train
vide. Au commencement de la tranchée, un croisement réunit les deux voies parallèles en une seule
qui se divise aussitôt en deux voies. Il n'est besoin,
comme on le voit, que de deux croisements.

La tranchée longitudinale doit continuer de façon
à pousser toujours en avant les deux voies parallèles.

De plus, lorsque la tranchée a atteint la longueur
qu'on veut donner au train de vagons, on commence à compléter le déblaiement de la tranchée
définitive, en enlevant les deux massifs latéraux
ayant la hauteur d'un vagon (fig. 187).

Ces terres peuvent être enlevées à la brouette,
transportées au pied des vagons et chargées, mais
on comprend que ce travail, qui nécessiterait un
chargement en brouette, un transport, et un chargement vertical de 1^{m}65, augmenterait singulière-

usaient le prix du mètre cube de terrassement; en
effet, chaque mètre cube subirait une augmentation
0 .e 0 fr. 50 environ.

On préfère, de chaque côté des deux voies d'exploitation, placer une voie qu'on écarte à volonté,
de manière à n'exiger qu'un jet de pelle vertical.

Ces deux voies s'embranchent sur les voies prin-
cipales.

Le nombre de vagons employés dépend complètement de la rapidité qu'on veut imprimer aux travaux ; il faut donc se préoccuper de la manière de
pousser la tranchée longitudinale le plus vivement
possible.

Tranchées à grande hauteur

Lorsqu'une tranchée doit avoir une grande hauteur, on la divise en couches successives, de façon
que celle qui doit commencer la dernière, et qui est
la plus basse, n'ait pour hauteur que la hauteur d'un
vagon. Une première tranchée est ouverte et exploitée de la manière que nous venons d'indiquer ;
lorsqu'elle est suffisamment éloignée du point à 0,
une autre tranchée sur une couche inférieure est
ouverte, et successivement toutes les tranchées
sont attaquées, de façon que les deux voies d'exploitation soient liées entre elles.

Pour cela, les deux voies d'exploitation de la
tranchée la plus éloignée sont rejetées sur le côté
d'un des talus, et en se dirigeant vers le point à 0,
se relient avec les deux voies de chaque chantier.

Le dernier atelier qui est aussi composé de deux
voies, enlève, en s'écartant latéralement et en avan-
çant toujours, ce qui reste à excaver.

Il est nécessaire, à mesure que ce dernier chantier avance, de faire avancer toujours le croisement qui joint les deux voies, afin que le dépôt de wagons vides soit toujours le plus près possible des chantiers.

Ceci doit également être observé dans l'exploitation des tranchées de faible hauteur.

Les règles que nous venons d'établir doivent être observées, quelle que soit la nature des terres qu'on rencontre.

La manière de les abattre est seule soumise à un travail spécial.

Nous en avons fait le sujet d'un chapitre spécial.

Cette nouvelle méthode pour attaquer les tranchées a donné de si bons résultats, qu'on s'est déterminé à l'employer dans la plupart des chantiers de terrassement ; le percement de la *cunette* dans le sens de l'axe du chemin de fer, a l'avantage de présenter un front de travail fort étendu, et permet de donner une grande impulsion à la marche du travail.

Les deux méthodes peuvent se combiner, et leur application doit être abandonnée aux soins éclairés des ingénieurs et des entrepreneurs.

Transport des déblais du point de chargement au point de déchargement

Le point d'intersection d'un déblai et d'un remblai est au niveau du chemin de fer.

Quelle que soit la profondeur donnée à la tranchée, qu'elle soit exploitée en une ou plusieurs assises, on a soin de réunir toutes les voies d'exploitation, à l'entrée de la tranchée placée le plus près du point à 0, en deux voies.

Quelle que soit la hauteur à donner au remblai, quel que soit le nombre de voies employées à le former, on a soin de les réunir en deux voies, au point de déchargement.

Lorsque le transport a lieu par locomotives, les deux voies placées près du point de chargement et les deux voies placées près du point de décharge-ment ne règnent que sur une longueur suffisante au stationnement des vagons pleins ou vides, et leur intervalle qui constitue le transport n'est rempli que par une seule voie.

Lorsque le transport a lieu au moyen de chevaux, les deux voies existent du point de chargement au point de déchargement.

On comprend la raison de cette disposition.

On peut imprimer à une locomotive remorquant un train, une vitesse telle que le double trajet entre les deux points ait lieu en même temps que s'opère, d'un côté, le chargement d'un train, et de l'autre, le déchargement.

Ainsi, une locomotive part, du point de charge-ment, avec un train de vagons pleins, et le remorque jusqu'au point du déchargement, pendant qu'un nouveau train, placé dans la tranchée, est soumis au chargement.

Le train de vagons pleins est remisé par la loco-motive dans la voie des vagons pleins du point de déchargement, et un train de vagons vides est aussitôt remorqué par la locomotive, jusqu'au point de chargement, où il arrive au moment où le train en chargement se trouve prêt à être mené au déchargement.

Pendant la durée du trajet de la locomotive, du

point de déchargement, au point de chargement, et pendant le nouveau trajet d'un nouveau train plein, dans le sens inverse, les vagons pleins à la décharge sont vidés et forment un train vide, au moment où la locomotive arrive, remorquant un train plein.

Ce transport ne nécessite donc qu'une seule voie.

Lorsque la manœuvre est opérée par des chevaux qui ne peuvent avoir la même vitesse, on est obligé de former plusieurs trains, pour ne pas occasionnner d'interruption dans les travaux.

Une voie d'aller et une voie de retour sont donc nécessaires.

Le nombre de ces trains dépend de la distance du point de chargement au point de déchargement, ainsi que du nombre de vagons employés à l'exploitation.

Lorsque la tranchée doit être faite en plusieurs assises, les deux voies de transport partent du chantier le plus éloigné.

Pour le prolongement de ces deux voies, entre deux chantiers, des rampes sont conservées le long des talus définitifs, avec des pentes aussi douces que possible ; il faut qu'elles soient accessibles aux chevaux, lorsque le transport a lieu de cette manière.

Lorsque le transport a lieu au moyen de locomotives, il faut réduire encore l'inclinaison de ces rampes, afin qu'elle ne dépasse pas 0,025 pour un mètre.

Lorsque la différence de niveau est trop grande pour qu'il soit possible d'adopter une pente accessible aux locomotives, on emploie des chevaux pour cette partie du transport, et on réserve aux locomotives le parcours du chantier le plus près du point O à O au point de déchargement.

Lorsque les rampes ont une inclinaison inaccessible aux locomotives, on emploie souvent un moyen qui consiste à faire monter un train de vagons vides, tandis qu'un train de vagons pleins descend.

Fig. 223. L'application des plans des automoteurs aux terrassements a donné des résultats très satisfaisants ; aussi, ont-ils été employés dans différents cas avec de grands avantages.

Cependant, comme les conditions d'établissement sont les mêmes pour un plan automoteur provisoire que pour un plan définitif, il est reconnu qu'il n'y a utilité à l'adopter que lorsque la pente du terrain dépasse 0,025 pour un mètre.

Un plan automoteur étant établi pour faire descendre sur une voie un train de vagons pleins provenant du chantier de chargement, et faire monter par contrepoids, et sur une voie parallèle, un train de vagons vides, du lieu de déchargement au lieu de chargement, il est indispensable d'établir au point culminant de la rampe, et sur une longueur d'une quinzaine de mètres, une pente de 0,10 pour 1 mètre, afin que le train de vagons pleins puisse se mettre facilement en mouvement.

Cette précaution n'est nécessaire que lorsque la pente générale du plan est inférieure à 0.05.

La rencontre des deux trains vide et plein ayant lieu au milieu du plan automoteur, on peut disposer les voies de trois manières différentes.

1° Si le plan automoteur a peu de longueur, deux voies peuvent être posées, l'une pour le train de

vagons pleins, et l'autre pour le train de vagons
vides (fig. 223).

2° Si la longueur est suffisante, pour qu'il y ait
économie réelle à n'établir qu'une seule voie depuis
le point de rencontre des deux trains jusqu'au bas
du plan incliné, on se contente de ne poser les deux
voies que depuis le point le plus élevé du plan
automoteur jusqu'au delà de la rencontre des deux
trains.

Les deux voies se réunissent alors en une seule.

3° Si le plan automoteur a une grande longueur,
on ne se sert que d'une seule voie, excepté au lieu
de rencontre où cette voie bifurque pour se continuer seule jusqu'au bas du plan incliné (fig. 224
et 225).

Il est clair que la longueur de la double voie
doit dépasser celle du train de vagons.

Il y a avantage à employer ce dernier moyen,
parce qu'on dispose de moins de terrain, et lorsqu'on a à exploiter une longue et haute tranchée
en plusieurs assises, on a souvent besoin d'employer
plusieurs plans automoteurs.

Une plate-forme égale à la longueur d'un train
de vagons doit être ménagée avant la partie la plus
élevée du plan incliné ; en contre-bas du sol et à
l'extrémité de cette plate-forme, est fixée une
poulie d'un diamètre égal à la distance d'axe en
axe des deux voies.

C'est sur cette poulie que vient s'enrouler la corde
dont les extrémités sont fixées l'une au train vide,
et l'autre au plein.

On remplace souvent cette poulie par trois
autres de plus petit rayon, dont l'une est fixée dans

d'entrevoie, et les deux autres dans chacune des iovoies.

La corde passe successivement sur chacune de ces trois poulies, comme on peut le voir à la figure 223.

La poulie du milieu, dans ce système, et la grande poulie dans le premier, sont munies de freins.

Quelquefois, pourtant, on se contente des freins placés aux vagons.

Nous donnons, aux figures 206, 207, le détail d'une grande poulie.

La corde porte sur des rouleaux horizontaux placés de distance en distance sur les deux voies ; mais lorsque cette corde est remplacée par une chaîne, on s'abstient de la faire glisser sur des supports.

L'accrochage de la corde a lieu au moyen d'un crochet pouvant se détacher instantanément.

La manœuvre a lieu de la manière suivante :

Des chevaux sont attelés au train de vagons pleins, de façon à le mettre en mouvement.

Arrivé au bord du plan incliné, le dételage a lieu instantanément, et le train plein entraîné par la vitesse acquise continue son mouvement.

La résistance que lui oppose immédiatement le train vide est détruite par la force accélératrice acquise par le train plein sur la partie la plus élevée du plan incliné qui, comme nous l'avons dit, a une pente beaucoup plus forte.

La vitesse acquise permet au train vide de gravir le reste du plan incliné, lorsque le train plein est arrivé au terme de sa course.

Le décrochage du train des vagons pleins a lieu

instantanément au bas du plan incliné ; c'est un ouvrier qui, placé sur le vagon auquel la corde est attachée, fait jouer le crochet avec son pied.

La longueur du plan incliné détermine le nombre de vagons composant un train.

M. Serveille a établi des plans automoteurs pour le transport du moellon provenant de la carrière de Montalet à la Seine, au Bas-Meudon.

Il en a établi également à Vaux, pour le transport, jusqu'à la Seine, du moellon venant des carrières de M. Wallery.

Des terrassements ont eu lieu sur une grande échelle au moyen de plans automoteurs et de vagons Serveille, au chemin de fer de la rive gauche, sous la direction de M. Petiet.

Au plan incliné de la carrière de Montalet, la voie a 0.30 de largeur ; la longueur du plan incliné est de 250 à 300 mètres, et son inclinaison est de 1/5.

Cinq vagons cubent 2 mètres de moellon, et on a descendu jusqu'à 752 vagons par jour.

C'est une chaîne qui fait le service du plan incliné, les cordes dont on se servait s'usant en quinze jours.

A la tête du plan incliné, se trouve un système de charpente très simple portant des cylindres verticaux sur lesquels s'enroulent les chaînes.

Un homme chargé de manœuvrer les freins règle la vitesse pendant la marche et arrête le mouvement, lorsque le vagon plein est arrivé au bas du plan incliné.

Le crochet est formé de deux branches entre lesquelles vient se placer l'extrémité de la chaîne; en faisant faire un quart de conversion à l'appareil, l'accrochage a lieu, et pour opérer le décrochage, il suffit, lorsque la chaîne n'est plus tendue, de faire un quart de conversion en sens contraire.

Nous avons déjà parlé, au commencement de cet ouvrage, des vagons Serveille; cependant nous ne saurions trop nous étendre sur les services qu'ils rendent journellement, et sur l'avantage qu'ils présentent sur les autres vagons.

Ces vagons peuvent circuler sans inconvénient sur des voies irrégulières, dont la largeur peut varier et d'une pose très peu mathématique.

Ils peuvent également circuler sur des courbes de très faibles rayons, et la conicité des roues-essieux ramène toujours le centre de gravité dans l'axe de la voie.

La faible largeur donnée à la voie, le rapprochement des essieux, sont calculés de façon qu'on ne soit pas obligé d'élever beaucoup le centre de gravité du vagon, pour le renverser soit en avant, soit en arrière, soit de côté.

Point de déchargement

S'il est indispensable d'organiser les chantiers de chargement avec une régularité suffisante pour que les ouvriers, les moteurs et les véhicules ne soient pas, un seul instant, en état de chômage, il n'est pas moins indispensable que le chantier de déchargement reçoive des dispositions en harmonie avec le travail produit au point de chargement et sur la ligne de transport.

La plate-forme d'un remblai ayant habituellement peu de largeur, il n'est pas possible de donner un bien large front au déchargement.

13.

Les limites dans lesquelles on est obligé de rester, empêchent de donner au travail toute l'activité qu'il est possible de lui imprimer, au point de chargement.

Pourtant une méthode nouvellement admise et beaucoup plus expéditive que celle adoptée généralement en Angleterre et même en France, a donné des résultats très satisfaisants.

Première méthode. — Méthode anglaise

Trois voies parallèles sont établies à partir de la naissance du remblai à faire (fig. 188).

Ces trois voies sont réunies en une seule qui se partage immédiatement en deux.

Ces deux voies sont destinées, l'une aux vagons pleins, l'autre aux vagons vides, et doivent avoir la longueur nécessaire au garage d'un train.

Lorsque le transport a lieu avec des chevaux, ces deux voies se continuent, comme nous l'avons dit, jusqu'au point de chargement; lorsqu'il a lieu avec une locomotive, ces deux voies, à la fin du garage, se réunissent en une seule qui se continue jusqu'aux chantiers de chargement.

Un train de vagons pleins arrive sur l'une des deux voies de dépôt; un cheval est attelé à l'un des vagons qui est détaché des autres, prend le galop, et arrivé à une certaine distance de l'extrémité des voies servant à former le remblai, est détaché instantanément, et tandis qu'il revient sur ses pas pour être attelé au vagon suivant, le vagon plein, par sa vitesse acquise, arrive au bord du remblai.

A l'extrémité de cette voie, une traverse saillante

sur les rails arrête brusquement la marche du vagon ; un terrassier, à l'aide d'une pelle, au moment de son arrivée, décroche la porte, et la caisse n'étant plus en équilibre à cause de la disposition de la voie recevant la première paire de roues, qu'on a eu soin de placer en plan incliné, et aussi, par l'effet du choc, se renverse et rejette au loin les terres.

Lorsque le vagon est vidé, un cheval l'amène au dépôt des vagons vides, et un nouveau vagon plein se décharge de la même manière ; la même manœuvre a lieu sur les trois voies parallèles.

Il faut avoir soin, à mesure que le remblai se forme, d'avancer les voies parallèles ; la longueur d'un rail est habituellement le degré d'avancement à adopter.

Lorsque les voies parallèles ont une longueur suffisante pour la mise au galop du cheval attelé au vagon de déchargement et que le remblai se trouve avancé d'environ 50 mètres, les croisements sont démontés et rapprochés de cette longueur, afin que le dépôt des vagons pleins et vides soit aussi rapproché que possible du point de déchargement.

Il faut avoir soin que ce déplacement ait lieu pendant les moments de repos.

Une brigade d'ouvriers exercés est spécialement chargée de cette manœuvre.

Le charretier qui mène le vagon à la décharge, doit tenir d'une main la bride du cheval et de l'autre une ficelle à l'aide de laquelle il le détèle instantanément. Cette opération doit avoir lieu avec promptitude et beaucoup de présence d'esprit de

la part de l'ouvrier. Nous donnons, à la figure 203,
le palonnier du cheval attelé à un vagon.

Les mêmes qualités doivent se trouver dans celui
qui décroche la porte du vagon.

Sur chacune des voies de déchargement, on emploie un charretier et un cheval.

Un ouvrier à décharger le vagon.

Un ouvrier à régaler les terres versées.

Un homme chargé du mouvement des aiguilles
est aussi nécessaire.

On a souvent employé à l'extrémité des voies de
déchargement un cadre sur lequel les voies sont
continuées (fig. 211, 212).

Ce cadre offrant plus de surface, a moins de
chance de s'enfoncer dans les terres qui ne sont
point encore tassées.

A mesure que le remblai avance, on fait avancer
d'une longueur de rail le cadre en y attelant un
cheval, et au moyen de leviers on intercale des
rails dans le vide laissé entre les voies et le cadre.

Le remblai étant fait avec des terres qui ont foisonné, il est indispensable de donner un plus grand
chantier au remblai qui tasse à mesure que les
vagons de terrassement y passent.

La plate-forme d'un remblai varie entre sept
et huit mètres; mais il est possible d'y placer trois
et même quatre voies de déchargement, en donnant provisoirement à cette plate-forme une largeur de neuf à dix mètres (fig. 189).

Ajoutons que cette plate-forme est d'autant plus
large qu'elle se trouve à 0^{m}55 de la plate-forme
définitive puisque cette hauteur doit être occupée
par le ballast. La figure 189 représente une dispo-

…ition plus compliquée, mais qui peut rendre plus … le services dans le déchargement. Cependant, nous … ne conseillons pas de l'employer, car les change- …ments et croisements y sont trop nombreux.

… Si on pense que l'inclinaison d'éboulement des … terres est d'environ un sur un, et que l'inclinaison … définitive des talus du remblai sera de un sur un et … demi, il sera possible de donner une plus grande lar- …geur à la plate-forme, parce que le surplus des terres … est une compensation de celles qui doivent servir à … l'élargissement de l'assiette du remblai.

… Lorsque le remblai a une hauteur considérable qui … entraîne nécessairement une grande largeur à sa … base, on l'exécute en deux couches et de deux façons … différentes.

… La première consiste à faire la première couche … en adoptant la méthode que nous venons de décrire.

… Figures 190, 191. La largeur de la plate-forme étant … beaucoup plus grande. on multiplie le nombre des … voies de déchargement, ou bien on augmente leur … écartement, en ayant soin d'employer aussi bien … les vagons de côté que des vagons devant.

… Le remblai avance donc au moyen de vagons … versant devant, comme dans la méthode précédente, … et l'intervalle qui est à remblayer entre deux voies … parallèles est rempli au moyen de vagons versant … le côté.

… Lorsque cette première couche est terminée, la … seconde couche est commencée d'après la même … méthode.

… Figure 192. Il est possible d'exécuter ces deux … couches à la fois; pour cela on avance la couche … inférieure d'une certaine longueur, suffisante pour y établir les voies de déchargement, leur réunion en une seule, et leur division en deux voies de dépôts.

Ces deux voies sont établies sur le bord du talus définitif du remblai, et vont rejoindre dans cette position les voies de transport ; entre ces deux voies vient se placer la couche supérieure. D'après cette disposition, il est clair que les deux chantiers de déchargement doivent avancer avec la même rapidité, afin que la marche du chantier supérieur ne soit pas arrêtée par la marche du chantier inférieur.

M. Etzel, dans son ouvrage sur les chantiers de terrassement, rend compte d'observations qu'il a faites sur divers chemins de fer d'Angleterre.

En tenant compte des pertes de temps causées par l'éloignement des voies de dépôt, le déplacement des embranchements, le temps de travail par journée étant de dix heures, il a remarqué que :

1° Trois voies de déchargement étant données. 240 vagons pouvaient y être déchargés dans une journée de dix heures, ce qui, à 1^{m3}500 par vagon, constitue 360 mètres cubes.

2° Avec quatre voies de déchargement, et toujours dans la formation d'un remblai par une seule couche, 480 vagons ou 720 mètres cubes étaient déchargés.

3° Avec six voies de déchargement posées pour l'établissement de la couche inférieure d'un remblai, on déchargeait 420 vagons seulement ou 630 mètres cubes.

4° Que dans l'établissement d'un remblai en deux assises avec sept voies, on déchargeait 600 vagons ou 900 mètres cubes.

Il résultait de cette comparaison : 1° que la quan-

bité de travail fournie augmentait dans une proportion beaucoup plus faible que le nombre de voies de
déchargement ; que la perte de temps causée par une
grande distance du point de stationnement des vagons, à l'extrémité de la voie de déchargement et par
le déplacement d'un système de voies très compliqué.
pouvait l'emporter sur l'avantage résultant de l'établissement d'une voie de déchargement de plus.

Ces diverses observations font douter qu'il y ait
grand avantage à former un remblai par couches
successives, et les ingénieurs ont semblé tellement
pénétrés de leur justesse, qu'on a cherché à modifier
le système employé en Angleterre, et qu'on y est
parvenu d'une manière fort avantageuse.

Seconde méthode. — Méthode française

Ce système qui a été imaginé et appliqué pour la
première fois par M. E. Clapeyron, ingénieur en chef
des mines, lors de l'établissement du chemin de fer
de Saint-Germain, a donné des résultats tellement
avantageux qu'il a été adopté depuis dans l'exécution
des remblais des chemins de fer de France.

On appelle *baleine*, l'ensemble de deux poutres
armées, portant une voie de fer.

Cette poutre armée repose, d'un côté, sur l'extrémité du remblai en cours d'exécution, et de l'autre,
sur un système de charpente reposant sur des essieux
munis de roues, et pouvant rouler sur une voie de
fer posée sur le sol naturel, au pied du remblai.

La hauteur de cette charpente est plus grande que
celle du remblai à élever, et le mode d'assemblage
des poutres armés avec cette charpente, est exécuté
de telle façon que la baleine peut se placer à des

hauteurs différentes, selon que le remblai varie de
hauteur par rapport au sol. La voie placée sur la
baleine est la continuation de la voie du remblai.

Le déchargement des vagons se fait plus rapidement avec des baleines qu'avec des voies parallèles
ou des voies d'évitement.

Les dimensions de ces baleines dépendent de la
hauteur du remblai à élever et du degré d'activité
qu'on veut imprimer au travail.

La manœuvre a lieu de la manière suivante :

Du dépôt de vagons pleins, on détache un train
de vagons d'une longueur égale à la longueur de la
baleine ; on approche ce train du bord du remblai.

Un vagon est décroché et avancé sur le bord de la
baleine ; si c'est un vagon devant, il est déchargé
dans l'espace laissé vide entre les deux poutres armées ; s'il verse de côté, on le décharge pour former
les côtés latéraux du remblai.

Il est essentiel, lorsqu'on ne se sert que d'une seule
baleine placée dans l'axe du remblai, d'avoir des
vagons devant, pour former le remblai sur une largeur de 1ᵐ50, et des vagons versant des deux côtés
pour terminer le remblai des deux côtés.

Lorsque le premier vagon est déchargé, on le
pousse à l'extrémité de la baleine, et on fait subir
la même opération aux autres vagons du train.

Un cheval est amené, attelé au train déchargé, et
l'emmène au dépôt des vagons vides.

Un nouveau train est immédiatement amené au
bord de la décharge, et la même manœuvre recommence.

Trois hommes, dont l'un décroche le vagon plein
mené à la décharge, et accroche les vagons vides

sur la baleine, et les deux autres font verser les vagons, sont nécessaires.

Un charretier et des chevaux sont aussi nécessaires pour amener les vagons pleins, et emmener les vagons vides.

Cette méthode simplifie singulièrement les embranchements et les voies.

Il suffit de réunir les deux voies de dépôt ou de transport en une seule, au bord du remblai.

Lorsque les terres commencent à embarrasser le pied de la charpente, on la fait avancer sur le chemin de fer placé sur le sol, et on fait glisser sur le remblai la baleine, au moyen de crics et de leviers.

La voie inférieure est toujours composée des mêmes rails qu'on déplace à mesure qu'ils deviennent libres et qu'on reporte en avant.

Fig. 195, 196. On peut, avec de grandes baleines, obtenir de grands résultats, comme cela a eu lieu sur les chemins de fer de Saint-Germain et de Versailles, sur lesquels vingt-quatre ouvriers déchargeaient dix vagons en quatre minutes ; mais on ne peut arriver à ce résultat qu'en s'imposant de grands sacrifices, puisque ces baleines coûtaient 4,500 fr. et étaient d'un entretien fort coûteux.

En tenant compte des pertes de temps, on ne déchargeait par heure, sur les baleines, que quarante vagons cubant 1^m50, c'est-à-dire 60 mètres cubes, mais il faut dire que déjà ce résultat était beaucoup plus avantageux que celui obtenu par la décharge habituelle.

La hauteur des remblais variait de 4 à 10 mètres ; le prix de déchargement et de redressement était de 0,15 par mètre cube.

Au chemin de fer de la rive gauche, sur deux grandes baleines, on a déchargé par journée de quinze heures jusqu'à 900 vagons cubant 1,50, soit un total de 1,350 mètres cubes.

Fig. 198, 199, 200. Au chemin de fer de Lille à la frontière de Belgique, on s'est servi de petites baleines de 12 mètres de long et de 6 mètres de hauteur, qui ne coûtaient que 300 fr., et qui ont rendu de très bons services.

Fig. 201, 202. On s'est servi de ces baleines dans des remblais qui atteignaient 10 mètres, et qui nécessitaient un travail préparatoire pour le placement de la baleine ; le sol était remblayé et aplani au moyen d'emprunts, mais ce travail n'a pas occasionné de surcroît de dépenses, parce que les terres provenant de ces emprunts devaient compléter le cube du remblai.

Douze ouvriers déchargeaient cinq vagons en six minutes ; le nombre des vagons déchargés sur chaque baleine était ordinairement de vingt par heure.

Fig. 204, 205. Nous donnons le dessin d'une baleine qui a coûté 5,000 francs, sur laquelle on déchargeait six vagons, et qui a servi dans la section du chemin de fer d'Orléans à Vierzon.

Cette baleine était à deux voies.

Un motif de ralentissement dans le travail est le déplacement continuel qu'on est obligé d'imprimer à la baleine ; aussi est-il nécessaire de profiter des heures de repos pour opérer ce déplacement.

Une brigade d'ouvriers exercés doit être chargée de cette manœuvre qui ne doit pas durer plus d'une demi-heure.

Lorsque le remblai est élevé au moyen de deux baleines, on déplace l'une, pendant que la décharge a lieu sur l'autre.

L'emploi des baleines pour le déchargement des terres est d'une grande utilité ; mais on ne doit en faire usage que lorsque le remblai doit dépasser une hauteur de 3 mètres.

Lorsqu'on a à élever un remblai de 3 à 10 mètres de hauteur, on peut placer deux baleines de front, et on obtient des résultats excellents en donnant de la régularité au travail.

Lorsque le remblai a plus de 10 mètres, il n'est guère possible de l'élever avec une baleine ayant une hauteur suffisante.

Son établissement serait très coûteux, et il serait fort difficile de la faire mouvoir ; il faut donc recourir à l'un des trois moyens suivants :

1° Commencer par établir un cavalier longitudinal sur le sol, de façon à racheter l'excès de hauteur du remblai, pour la pose de la voie du chariot roulant.

2° Exécuter le remblai en deux couches successives, et l'une après l'autre.

3° Exécuter le remblai en deux couches successives, et simultanément.

Le troisième mode est préférable, et lorsqu'on exécute la première couche, il est possible d'établir de front plusieurs baleines, puisque la largeur du remblai est très grande à sa surface supérieure.

Lorsque le terrain est fortement accidenté, il faut éviter d'employer les baleines, qu'il faudrait déplacer sans cesse, et dont l'emploi, au reste, serait à chaque instant interrompu.

La baleine du chemin de fer de Douai à Lille qui
au moyen de rouleaux, roulait sur des madriers, e
qui était arc-boutée latéralement par des bielle
pendantes qu'on fichait dans le sol, a été appliqué
dans un remblai de 9 mètres de hauteur, à Coup
vray (Seine-et-Marne), sur le chemin de fer de Pari
à Strasbourg.

Nombre de vagons nécessaires sur un chantier

Nous avons déjà déterminé le nombre de vagon
de terrassement qu'on peut employer dans u
chantier et qui dépend d'abord du cube de terr
qu'il est possible de décharger à la formation d
remblai, car on peut multiplier toujours le nombr
de ceux employés au chargement, en adoptant u
système d'excavation présentant un plus ou moin
grand front de travail.

Il dépend aussi du mode de transport adopté d
point de chargement au point de déchargement.

Mais quel que soit ce mode, que le transport ai
lieu par tombereaux, par vagons traînés par de
chevaux ou par vagons traînés par des locomotives
le nombre des vagons à la décharge ne variera pa
et sera toujours le même que celui employé a
chargement.

Cependant, le matériel de vagons devra être plu
considérable à mesure que la vitesse de transpor
diminuera.

Examinons donc l'économie de matériel qu'o
peut réaliser, en opérant le transport par locomo
tives au lieu de l'opérer par des chevaux.

Il est possible, sur 4 voies de déchargement, de dé
charger 600 vagons dans une journée de dix heures

Cela étant entendu, comme la vitesse d'un cheval est de 36 mètres par minute, et comme le cheval doit travailler 600 minutes par jour ; que, de plus, dans un transport que nous supposons de 2,000 mètres, le cheval perd chaque fois 10 minutes, soit au chargement, soit au déchargement ; qu'il parcourt 2,000 mètres en 55'55, il restera 65'55 pour chaque 2,000 mètres parcourus.

Le cheval ne disposant que de 600 minutes dans sa journée, parcourra 18,306ᵐ6 par jour.

Ainsi trois chevaux attelés à un train de 10 vagons parcourront dans une journée 18,306ᵐ6, c'est-à-dire feront neuf voyages de 2,000 mètres ; c'est-à-dire quatre voyages et demi (chacun d'eux comprenant un voyage à vagons pleins et un voyage à vagons vides).

Trois chevaux, dans une journée, transporteront donc 45 vagons de terre au point de déchargement, et comme le nombre de vagons à transporter doit être de 600, il faudra environ treize trains de 10 vagons, c'est-à-dire 130 vagons, et trente-neuf chevaux, pour le transport proprement dit.

Si on considère qu'un certain nombre de vagons restent toujours en réparation, que ce nombre peut être évalué à peu près au cinquième, on admettra que, pour un transport de 2,000 mètres, pour un déchargement de 600 vagons par journée de dix heures, il faudra environ 155 vagons.

Transport par locomotives

Faisons le même calcul dans le cas où une locomotive ferait le transport des vagons.

La vitesse d'une locomotive est de 300 mètres par minute sur des voies de terrassement.

Dans une journée de 600 minutes, cette locomotive parcourrait 180,000 mètres. Pour parcourir 2,000 mètres, une locomotive reste 5'5, et comme chaque fois elle perd 10 minutes, on peut supposer qu'elle parcourt 2,000 mètres en 15'5.

Dans l'espace de 600 minutes ou dans sa journée, la locomotive parcourra donc 77,400 mètres environ.

Elle fera donc trente-huit voyages de 2,000 mètres, ou bien dix-neuf voyages d'aller et retour.

Une locomotive devant produire, dans une journée, 600 vagons en dix-neuf voyages, devra traîner chaque fois 32 vagons.

Si à ce nombre 32 on joint le cinquième, on verra que le nombre de vagons nécessaires dans le chantier sera de 38 à 39, au lieu de 155 exigés par le transport par chevaux.

Un des avantages du transport par locomotives est d'exiger un matériel moindre, puisqu'il suffit d'employer le quart seulement du nombre de vagons de terrassement exigé dans le transport par chevaux.

Un autre avantage du transport par locomotives et qu'il est bon de signaler consiste dans la réduction des deux voies de transport en une seule. On comprend que la vitesse des chevaux étant moindre que celle de la locomotive, s'il est possible à cette dernière d'opérer le double parcours dans l'espace de temps nécessaire d'un côté au chargement et de l'autre au déchargement, cela n'est point possible dans le transport par chevaux ; aussi est-on obligé d'adopter deux voies de transport dans ce dernier mode, tandis que dans le premier une seule suffit.

Il ne faudrait pourtant pas, d'après ce premier examen, donner la préférence aux locomotives, car à ces avantages viennent se joindre des inconvénients qui se traduisent en dépenses et qui font reculer les entrepreneurs.

Nous allons tâcher d'énumérer les difficultés que l'on rencontre dans l'emploi des locomotives.

1° La voie de fer doit être composée de rails à sections plus fortes, parce que le poids d'une machine est de beaucoup supérieur au poids d'un wagon de terrassement ; les machines les plus légères pèsent 14 tonnes, tender compris, et elles ne peuvent circuler que sur des rails pesant au minimum 20 kilogr. par mètre courant avec un écartement de $0^m 90$ entre les traverses.

Ajoutons que ces machines de 14 tonnes sont rares, et que toujours elles dépassent ce poids.

De plus, les traverses doivent être d'un équarrissage plus grand, taillées et posées avec plus de soin; la voie elle-même doit exiger une pose plus régulière.

2° Le matériel doit être en général beaucoup plus solide, attendu que la vitesse doit être plus grande, et que les vagons sont exposés à des chocs plus violents que lorsqu'ils sont traînés par des chevaux.

3° La difficulté de se procurer des machines et le prix élevé pour les transporter sur les chantiers, l'élévation du prix de première mise d'acquisition, et la difficulté de s'en défaire après l'achèvement des travaux, ont rendu plus rare ce mode de transport, et il n'est presque plus adopté que lorsque les compa-

gnies elles-mêmes fournissent les machines qui
doivent plus tard servir à l'exploitation, ainsi que
les rails qui doivent servir à la pose définitive.

4° Les locomotives employées au transport ne
devant traîner qu'un poids limité, dépensent inuti-
lement un surcroît de force qui se traduit en combustible brûlé vainement et en une dépense qu'il
est impossible d'éviter.

Aussi, comme nous le verrons dans un tableau
que nous donnons plus loin, n'est-il avantageux
d'employer des locomotives que lorsque la distance
de transport atteint 2,000 mètres.

Au delà de ce chiffre, l'économie va toujours en
augmentant.

Les terres provenant des tranchées des Batignolles,
au chemin de fer de Saint-Germain, ont été transportées dans des vagons traînés par des chevaux,
lorsque la distance de transport ne dépassait pas
1,500 mètres, et remorqués par des locomotives,
lorsque cette distance dépassait ce chiffre. Le prix
du transport à 1,000 mètres dans des vagons traînés
par des chevaux s'est élevé à 0 fr. 31, et s'est
réparti ainsi :

Transport.	0 fr.	20
Réparation, entretien et graissage des vagons	0	08
Dépréciation des vagons	0	03
	0	31

La décharge est revenue à 0 fr. 13, en comprenant
dans ce prix le coût des chevaux.

Cela donne un total de 0 fr. 44.

Pour un transport de 3,000 mètres, on s'est servi

de locomotives, et le prix du mètre cube de terre s'est élevé à 0 fr. 37, ainsi réparti :

Transport comprenant le prix du combustible, réparations, mécaniciens. . .	0 fr.	10
Réparations des vagons	0	24
Dépréciation des vagons.	0	03
	0	37

La décharge est revenue, par mètre cube, en comprenant le prix affecté aux chevaux et aux ouvriers, à 0 fr. 26, ce qui donne pour prix total du mètre cube 0 fr. 63.

On voit que la différence est très sensible, et qu'il y a avantage à se servir de chevaux pour le transport, mais il faut observer que dans ce dernier cas le matériel doit être beaucoup plus considérable, et que les travaux n'avancent pas aussi rapidement.

M. Brabant, conducteur des ponts et chaussées, a dressé des tableaux fort détaillés des prix de revient du mètre cube de terrassement, dans les travaux du chemin de fer de la rive gauche; il faut observer que ces terrassements ont été faits dans des conditions particulières, la vitesse à imprimer aux travaux devant dominer sur la question d'argent.

Nous en donnons le résumé.

Prix de revient du mètre cube de déblais transportés avec des vagons traînés par des chevaux sur un chemin ayant une pente de 4 ᵐ/ᵐ.	2 fr.	23
Prix de revient du mètre cube, sur un chemin horizontal	2	308
Prix de revient du mètre cube sur une rampe de 4 millimètres	2	42

Prix de revient du mètre cube de déblais transportés à une distance de 1,000 mètres avec des
vagons traînés par des machines locomotives sur
un chemin ayant une pente de 4 $^{m}/_{m}$. 2   30

Prix de revient, sur un chemin horizontal. 2   37

Prix de revient, sur une rampe de
4 millimètres 2   51

Nous renvoyons aux tableaux de comparaison
entre les divers modes de transport, au tableau
dressé par M. Brabant, sur les différents prix du
mètre cube, avec transport au tombereau, au
vagon par des chevaux et au vagon par locomotives, les tombereaux étant supposés attelés de
deux chevaux et contenant $0^{m3} 80$.

Nous donnons, aux figures 216, 217, 218, 219, 220,
221, 222, le profil en long, le plan et les coupes en
travers d'un terrassement qui a eu lieu à la tranchée
des Ogiers sur le chemin de fer du Nord.

On y peut voir la marche du travail et le système
adopté d'une cunette telle que nous l'avons décrite.

Nous donnons, aux figures 213, 214, 215, un travail semblable dans une tranchée d'une grande
hauteur qui a été exploitée avec deux étages.

Choix des machines locomotives. — Les locomotives légères sont plus convenables pour rouler
sur les voies provisoires ; celles à quatre roues
doivent être préférées à celles à six roues, vu leur
plus grande facilité pour tourner dans les courbes
qu'on emploie fréquemment pour faciliter la circulation du matériel sur les chantiers de terrassement.

Cependant, lorsqu'on se trouvera dans un bon
sol, lorsqu'on aura de fortes rampes, ou qu'on

Tableau de comparaison du prix de revient pour déblais transportés
sur des chemins horizontaux

Distance des transports	Transports au tombereau		Transports en vagons traînés par	
	Sur des chemins en terre	Sur des routes entretennes	Des chevaux	Des locomotives
m.	fr.	fr.	fr.	fr.
1000	2.2193	1.7580	2.3085	2.3818
1500	2.7955	2.1470	2.3420	2.5783
1600	2.9107	2.2248	2.5887	2.6174
1700	3.0259	2.3026	2.6354	2.6565
1800	3.1411	2.3804	2.6821	2.6956
1900	3.2563	2.4582	2.7288	2.7347
1900	3.3715	2.5360	2.7755	2.7738
2000	4.5235	3.3140	3.2425	3.1648
3000	5.6755	4.0920	3.7095	3.5508
4000	6.2815	4.4810	3.9430	3.7313
4600	6.3497	4.5588	3.9897	3.7904
4700	6.4819	4.6366	4.0364	3.8295

pourra disposer d'une voie définitive et bien posée, l'emploi de fortes locomotives présentera de grands avantages dans le prix de revient, parce que les frais de personnel et une partie de ceux du maté- riel et de main-d'œuvre n'augmentant pas dans les mêmes proportions que les cubes traînés par ces machines, il en résulte qu'il y a avantage à opérer sur une plus grande quantité à la fois.

Au reste l'emploi de machines locomotives a cela de bon que leur passage sur les remblais opère un tassement qui les rend beaucoup plus tôt exploita- bles.

On se sert quelquefois aussi de machines à roues accouplées.

Ces machines dont les essieux sont réunis par des bielles ont une puissance beaucoup plus grande, à cause de l'augmentation d'adhérence.

Il importe de bien connaître l'effet produit par les machines aux passages dans les croisements de voies.

Les croisements de voies ne sont autre chose que des courbes de très petit rayon ; quand une ma- chine à six roues entre dans un croisement, les sail- lies ou bourrelets des deux roues de devant vont heurter contre la partie du rail qui forme l'angle avec la ligne d'où sort la machine, et le choc qu'elles reçoivent tend à faire pivoter la machine sur les grandes roues, pour ramener les petites roues d'ar- rière dans la nouvelle direction. Ce jeu de pivot a lieu sur la voie, quand on a eu la précaution, dans la pose, de mettre les rails de croisement suivan' une courbe de manière à le favoriser, ou d'aug- menter la largeur de la voie dans cet endroit, soi

par le jeu latéral que les essieux gagnent dans les
boîtes à graisse ; mais il ne faut pas compter sur
ce dernier moyen, car le jeu latéral dans les boîtes
à graisse est nuisible et doit être évité.

Les machines à quatre roues passent plus facilement dans les croisements.

Si une locomotive vient à sortir de la voie sur un
terrain résistant et près des rails, elle peut être
ramenée sur ces derniers à l'aide de crics, de pinces
ou de leviers ; mais si le déraillement a lieu sur un
terrain mou ou loin des rails, le feu doit être enlevé
et une constante attention donnée pour empêcher
la machine d'enfoncer profondément dans le terrain.

La machine doit d'abord être séparée du tender
qui étant d'un poids bien moindre peut être facilement replacé sur la voie ; si la machine est tombée
sur un des côtés, il faut aussitôt que possible la remettre dans sa position verticale ; pour cela, une
prise doit être obtenue sous le châssis vers le côté
le plus bas, en deux endroits si cela se peut.

Deux longs leviers de bois dur seront amenés à
agir sur ces deux points, et plusieurs hommes placés à chacun de ces leviers.

A mesure que la machine est graduellement sou-
levée par ces derniers, chaque mouvement doit être
suivi et assisté par des crics reposant à la partie inférieure sur des madriers d'une bonne largeur.
Aussitôt que la machine aura atteint la position
verticale, elle doit être solidement étayée par des
madriers placés au-dessus des châssis, la terre
peut alors être avec précaution, éloignée de dessous
les roues, et une longueur de rail introduite, en

14.

prenant soin de bien assujettir ceux-ci sur des blocs précédemment posés.

La même opération sera faite pour l'autre côté des roues, et des traverses seront chassées de distance en ·distance, au-dessous des lignes de rails, afin d'en assurer la fondation ; un chemin de fer temporaire pourra être continué jusqu'à la voie principale sur laquelle la machine devra être transportée.

Service des machines locomotives. — Aucune machine locomotive ne peut être mise en service sans un permis de circulation délivré par le préfet du département dans lequel se trouve le point de départ de la locomotive.

La demande du permis contient les mêmes indications que pour une demande en autorisation des machines fixes, et fait connaître de plus le nom donné à la machine locomotive et le service auquel elle est destinée.

Le nom de la locomotive est gravé sur une plaque fixée à la chaudière.

Le préfet, après avoir pris l'avis de l'ingénieur des mines, ou, à son défaut, de l'ingénieur des ponts et chaussées, délivre s'il y a lieu le permis de circulation.

Dans ce permis sont énoncés :

1° Le nom de la locomotive et le service auquel elle est destinée.

2° La pression maxima (en nombre d'atmosphères) de la vapeur dans la chaudière et les numéros des timbres dont la chaudière et les cylindres auraient été frappés.

3° Le diamètre des soupapes de sûreté.

4° La capacité de la chaudière.

5° Le diamètre des cylindres et la course des pistons.

6° Le nom du fabricant et l'année de la construction.

Si une machine locomotive ne satisfait pas aux conditions de sûreté ci-dessus prescrites, ou si elle n'est pas entretenue en bon état de service, le préfet, sur le rapport de l'ingénieur des mines, ou, à son défaut, de l'ingénieur des ponts et chaussées, peut en suspendre ou même en interdire l'usage.

Il est indispensable d'avoir toujours un nombre de locomotives plus grand que celui qui est strictement nécessaire.

Les avaries fréquentes auxquelles elles sont sujettes exigent que pour une locomotive nécessaire, on en ait toujours deux ; aussi sur deux locomotives fonctionnant dans un chantier, on ne peut toujours compter dans le calcul que sur une seule, fonctionnant constamment, bien qu'on les fasse souvent fonctionner toutes deux à la fois.

Combustible. — Le coke est le combustible employé pour le chauffage des machines locomotives ; cependant pour le service des terrassements, en mélangeant un huitième de charbon de terre de gaillette, on a l'avantage de produire une plus grande quantité de vapeur.

Vitesse des machines. — La vitesse des locomotives sur les voies provisoires ne doit jamais dépasser 20 kilomètres à l'heure.

Au-dessus de cette vitesse on s'exposerait à dérailler fréquemment.

Dépense d'eau pour alimentation, — La dépense de l'eau pour alimenter les machines varie suivant les localités qu'on traverse, et souvent il est besoin de creuser des puits lorsqu'il n'y a pas de cour d'eau à proximité.

Poids des machines. — Le poids d'une machine à quatre roues en feu sans son tender peut varie de 9 à 10 tonnes, tandis qu'une machine à six roue varie ordinairement de 14 à 20 tonnes, sans so tender.

Poids des tenders. — Les petits tenders pèsen 4 tonnes 1/2 chargés de coke et d'eau ; les grand pèsent au minimum 8 tonnes.

Prix des machines locomotives. — Au chemin de fer de Versailles (rive gauche), on s'est serv pour le terrassement de la grande tranchée d Clamart, de deux machines légères à quatre roue accouplées de Hick ; c'étaient le *Fulton* et le *Denys Papin* qui ont fait un excellent service ; elles ont coûté 33,000 francs chacune.

Une de ces machines remorquait 35 m. c., ave une vitesse de 10 kil. à l'heure sur palier horizontal

Ces machines portées sur quatre roues en font étaient à châssis intérieur en bois, à foyer cylin drique en fer, avec dôme demi-sphérique à manett et à excentriques mobiles.

La longueur totale de ces machines sans le tampons était de 4^{m}47.

La longueur des bielles d'accouplement ou la dis tance des essieux était de 1^{m}44.

Pour les terrassements du chemin de fer d'Orléan à Tours, M. Letellier, entrepreneur, a acquis de l compagnie de St-Germain deux fortes locomotive à six roues, au prix de 54,000 fr. les deux, ave tender.

Ces deux machines, l'*Alsace* et le *Rhin*, avaient été construites à Bitschwiller, dans les ateliers de MM. Stehelin et Hubert.

Ces locomotives pouvaient remorquer 60 mètres de tubes sur palier horizontal, et par un beau temps, 70 mètres sur palier horizontal et 40 mètres sur une rampe de 0,005 par mètre.

Pour les ensablements et terrassements du chemin de fer de Creil à Saint-Quentin, la compagnie Parent et Schaken à qui était confiée cette entreprise, a acheté à la compagnie du chemin de fer de Saint-Germain deux machines à quatre roues réformées par la loi de 1840 qui interdit l'usage des machines à quatre roues pour le service des voyageurs.

Ces deux locomotives, *Bury* et *Paris*, construites en Angleterre par Bury, ont été payées par la compagnie Parent à la compagnie de St-Germain 32,000 francs chacune avec son tender, toute réparée et prête à fonctionner.

Elles traînaient sur palier horizontal 10 vagons contenant chacun trois mètres cubes de terre.

Elles ont fonctionné quatre mois sans interruption.

Les ensablements du chemin de fer du Nord ont été achevés avec les machines à voyageurs servant à l'exploitation de la ligne.

Ces machines avaient été construites sur le dernier modèle de Stephenson, à cylindres extérieurs, telles que celles fournies récemment par ce constructeur au chemin de fer de Paris à Orléans.

Elles furent données par adjudication à MM. Cavé, mécanicien à Paris, Hallette, mécanicien à Arras, et Charles Derosne et Cail, mécaniciens à Paris,

Le premier et le second lot à livrer à Paris furent adjugés aux prix de 44,000 et 47,000 fr. à MM. Cavé et Hallette.

Les tenders et pièces de rechange étaient compris.

Le troisième lot fut adjugé au prix de 49,000 fr. à MM. Derosne et Cail.

Au chemin de fer de Paris à Rennes, pour la traversée et la sortie de la ville de Versailles, l'administration des ponts et chaussées a porté, sur ses séries de prix, la journée d'une locomotive comme suit :

La journée d'une locomotive pesant 15 tonnes, y compris son tender, son mécanicien, son chauffeur, son coke, l'huile et les frais d'entretien et de réparation, sera payée 50 francs.

(Voir le Tableau ci-contre.).

Tableau indiquant les principales dimensions des machines locomotives ayant exécuté des terrassements

Désignation des pièces	Machines		
	Fulton et Denys-Papin	Bury et Paris	Alsace et Rhin
Diamètre des pistons.	0m 253	0m 280	0m 330
Course du piston.	0 400	0 415	0 460
Surface des deux pistons. . . .	0mq1000	0mq1230	0mq1708
Tube de sortie ⎰ Nombre de tubes. . .	76	76	115
de fumée. ⎱ Longueur	2m 33	2m 36	2m 75
Diamètre intérieur. . .	0 037	0 52	0 048
Surface de la grille.	0mq3800	0mq6390	0mq8700
Surface de chauffe ⎰ Directe	3 40	3 07	5 02
Par contact . . .	17 60	30 00	47 72
⎱ Totale. . . .	21 00	33 07	52 74
Réduite	»	13 07	20 93
Diamètre des roues motrices	1m 35	1m 54	1m 83
Nombre des roues	4 roues accoupl.	4 roues	6 roues
Poids de la machine en feu. . . .	»	9 tonnes	15 tonnes
Poids de la machine et de son tender .	»	14 tonnes	22 tonnes

Exécution des terrassements par dépôts et emprunts

Le transport des terres à grande distance peut devenir trop coûteux pour qu'on songe à adopter le système de compensation d'un remblai par un déblai.

Dans ce cas, on préfère exécuter un remblai par des emprunts faits sur les deux côtés du remblai et un déblai par des dépôts en cavalier sur les deux côtés du déblai.

Si on n'emploie pas de moyens mécaniques pour élever les terres excavées et les former en cavalier, le travail consiste en un mouvement de terres à exécuter au moyen de brouettes ou de tombereaux.

Supposons qu'on ait à exécuter un déblai au moyen de brouettes.

La longueur d'un relai sur un plan horizontal est de 30 mètres ; elle sera de 24 mètres avec une pente de 0,07 par mètre, et les terres à l'extrémité du relai seront élevées à 1,65.

On partagera donc la tranchée à exécuter en tranches, suivant des pentes de 0,07 par mètre, et chaque longueur de 24 mètres formera un atelier.

L'exploitation commencera par les tranches les plus élevées, et les ateliers descendront successivement le long de ces tranches jusqu'au bas de la tranche en pente.

A mesure qu'un atelier aura terminé son travail sur la tranche supérieure et qu'il aura passé au second atelier de cette tranche, le premier atelier de la seconde tranche sera entamé.

Il faudra avoir soin de ménager, le long des talus définitifs, des rampes de 1,50 pour le passage de deux

rouleurs, et ce ne sera qu'après la complète exécution du déblai qu'on reprendra ces rampes provisoires et qu'on régalera le talus définitif.

Si l'on veut former un remblai au moyen de
brouettes, on distribue également le travail en ateliers de 24 mètres de longueur, et les terres apportées
à mesure forment des rampes de 0,07 par mètre. Ces
rampes continuées jusqu'à la surface définitive du
remblai peuvent contenir plusieurs ateliers de 24
mètres de longueur.

Aussi doit-on s'y prendre de la manière suivante :
un premier atelier est formé, et construit une rampe
qui, ayant à sa base la largeur définitive de la base
du remblai, va en diminuant jusqu'à la crête du remblai, de façon à n'avoir à cette crête que la largeur
définitive du remblai. Le roulage des terres n'a lieu
que de chaque côté sur une largeur de $1^m 50$, ménagée sur le talus définitif, entre le talus d'éboulement
les terres, c'est-à-dire à peu près 45° ou 1 sur 1, et
le talus définitif, 1 sur 1/2.

A 24 mètres du commencement de cette rampe, un
nouvel atelier s'organise en même temps et produit
le même travail.

Le terrassement se compose donc d'autant d'ateliers de 24 mètres de longueur qu'il y a de fois 24
mètres dans la longueur du remblai et n'ayant de
différence dans le travail que celle provenant de la
hauteur variable du remblai.

Ces dispositions qui peuvent être adoptées également par un transport en tombereaux, nécessitent
un transport horizontal fort coûteux ; aussi a-t-on
cherché à y remédier par des moyens mécaniques,
c'est-à-dire en transformant le transport horizontal

en un transport vertical, puisqu'en définitive dans la confection d'un remblai par un emprunt ou d'un déblai par un cavalier, il ne doit y avoir qu'un transport vertical, et qu'un transport horizontal sur des rampes n'est qu'un transport vertical transformé et toujours onéreux.

Nous donnons, aux figures 226, 227, le transport vertical qui a été adopté pour le retroussement des terres de la tranchée de Rivoli.

Les terres ont été enlevées d'abord avec des brouettes sur des rampes perpendiculaires à l'axe du chemin.

Lorsque ces rampes ont atteint le chiffre maximum, on a adopté le moyen suivant :

Sur la surface définitive du talus, on a placé de distance en distance des plans inclinés en fortes planches, et on les a terminés sur la crête par un petit échafaudage destiné à prolonger horizontalement ces voies pour former le cavalier.

Sur la crête du talus et devant chaque plan incliné, on a placé un poteau auquel ont été fixées deux poulies, la première à la partie la plus élevée du poteau, dirigée perpendiculairement à l'axe du chemin ; la seconde, au bas du poteau, dirigée dans le sens du chemin.

Une corde accrochée aux deux bras d'une brouette placée au bas du plan incliné allait s'enrouler sur la poulie supérieure, descendait s'enrouler sur la poulie inférieure, et de là allait passer sur la poulie inférieure d'un autre poteau, pour monter s'enrouler sur la poulie supérieure de ce second poteau et descendre s'attacher aux deux bras d'une autre brouette vide placée au haut d'un plan incliné.

Un cheval était attelé entre les deux plans inclinés, écartés l'un de l'autre d'une distance égale à la longueur du plan incliné, plus deux fois la longueur du cheval, plus la longueur de l'attelage.

Le cheval marchant dans le sens de la brouette vide faisait monter la brouette pleine, pendant que la brouette vide descendait ; puis, lorsqu'à la place de la brouette vide était accrochée une brouette pleine, et qu'à la place de la brouette pleine était accrochée une brouette vide, le cheval se retournait et opérait la même manœuvre.

Chacune des brouettes pleines montant le plan incliné, et chacune des brouettes vides descendant l'autre plan incliné, était guidée par un homme.

De plus, au haut et au bas de chaque plan incliné, se trouvait un homme chargé de l'accrochage et du décrochage des brouettes.

Au chemin de fer de Londres à Bristol on a apporté à ce système divers changements.

Au lieu d'une voie en planches, on a adopté une voie en rails provisoires, les brouettes ont été remplacées par des vagonnets qui ont pu monter sans le secours d'un homme.

De plus, au haut de chaque plan incliné, on a placé de petites plates-formes provisoires en bois, avec des voies rayonnant et conduisant au cavalier.

Au bas des plans inclinés on a également placé des plates-formes avec des voies rayonnant, venant des diverses parties de la tranchée.

Une machine à vapeur avait été établie le long du talus et servait à faire la manœuvre des vagons montants et descendants.

Cette machine était de dix chevaux, et la quantité de travail correspondait à peu près à 210 vagons par jour, chaque vagon contenant environ 1^{m}50.

Au reste, les brouettes employées sur ces plans inclinés cubent davantage que les brouettes ordinaires; leur capacité est de 0,09 de mètre cube.

Il est nécessaire d'adopter un profil pour les cavaliers et les fouilles le long d'une tranchée ou d'un remblai.

Soit à former le profil en travers de cavaliers, sur les deux côtés d'une tranchée; soit s la surface du demi-profil de la tranchée, on donnera à la perpendiculaire élevée au pied du cavalier, la hauteur $\sqrt{2s/_{12}}$, et à partir de l'extrémité de cette perpendiculaire on donnera une rampe de 0,083.

Cette ligne déterminera le couronnement du cavalier dans son profil en travers. Il est entendu que le talus du cavalier dépendra du degré de cohésion et de la nature des terres, ainsi que la largeur de la plate-forme qui sépare le pied du cavalier de la crête du talus de la tranchée.

De même, soit s la surface du demi-profil en travers d'un remblai, on donnera à la perpendiculaire abaissée du bord de la fouille la profondeur $\sqrt{2s/_{12}}$, et du pied de cette perpendiculaire on tracera le fond de la fouille avec une pente de 0,083.

Il est aussi entendu que la largeur de la plate-forme, au pied du remblai, et l'inclinaison du talus de la fouille, dépendront de la nature des terres.

Machine Coignet

Nous donnons aux figures 229, 230 une machine à contrepoids qui a été employée au canal du Berry par M. Deshayes.

Cette machine a également été employée au fort de Vincennes.

On a employé successivement des brouettes chargées d'une quantité de terre d'un poids égal au poids d'un homme, et des brouettes, comme nous en donnons une à la figure 234, chargées d'un poids égal au poids de deux hommes.

Cette dernière méthode ayant donné des résultats plus économiques et plus satisfaisants, a été adoptée.

En effet, le cube de terre à extraire et à charger exigeant le même nombre d'ouvriers, comme pour rétablir l'équilibre, il fallait monter deux hommes dans une brouette qui devait descendre, comme il en aurait fallu deux pour faire descendre successivement chacune des deux petites brouettes, que l'équilibre étant établi, un seul homme suffisait pour faire la manœuvre et tirer la corde, pour une grande comme pour une petite brouette, il s'ensuivait l'économie d'un homme pour chaque montée.

Une machine bien conduite pouvait monter de 90 à 100 brouettes par heure, pour une hauteur de 8 à 10 mètres.

Les terres peuvent encore être élevées verticalement au moyen d'une double écoperche représentée à la figure 228, mais cette machine ne peut rendre de véritables services, et n'est réellement applicable que dans des cas tout à fait particuliers.

Ainsi, on ne pourrait l'employer pour la formation d'un remblai en cavalier, tandis que s'il s'agissait, comme dans les fortifications de **Paris**, d'élever verticalemement à une grande hauteur des terres, et qu'il fût possible d'appliquer l'écoperche contre le mur de soutènement, on pourrait employer avantageusement cette machine qui ne peut servir qu'à un transport purement vertical.

Aussi ne s'en sert-on que dans des cas particuliers et principalement pour la construction de bâtiment.

La manœuvre des brouettes chargées et vides a lieu au moyen d'une corde s'enroulant sur des poulies, et c'est la marche de va-et-vient d'un cheval qui donne le mouvement à cette corde.

Lorsqu'on se sert de plans inclinés pour faire monter des brouettes chargées de terres, pour éviter les pertes de temps occasionnées par l'emploi des ouvriers accompagnant ces brouettes le long des plans inclinés, on s'est servi quelquefois d'un chariot-porteur analogue à ceux employés dans les mines.

A cet effet, on dispose un petit chemin de fer très léger formé de plates-bandes de fer vissées sur le plan incliné, sur lesquelles circule un chariot-porteur très léger.

Le chariot plein est attaché à l'extrémité de la corde et le chariot vide à l'autre extrémité.

La longueur des câbles doit être telle que le chariot plein arrive au haut du plan incliné, lorsque le chariot vide arrive au bas de l'autre.

On fait circuler sur les plans inclinés des chariots-porteurs, consistant en une simple plate-forme qui est toujours horizontale, malgré l'inclinaison de la

voie, de sorte qu'on n'a qu'à rouler la brouette vide
ou pleine sur le chariot-porteur.

La plate-forme du chariot-porteur est établie
horizontalement sur les deux essieux, lorsque
ceux-ci se trouvent dans un plan parallèle à celui
de la voie inclinée, c'est-à-dire que le plan de la
plate-forme coupe le plan commun des essieux sur
un angle égal à celui que le plan incliné forme
avec l'horizon.

CHAPITRE XIII

Excavations souterraines

Lorsque, dans l'établissement d'une voie de communication, on traverse des terrains trop acciden-
tés, il arrive souvent qu'une tranchée présente des
obstacles tellement grands, qu'on est obligé de
l'éviter.

Ce cas se présente souvent dans la construction
des canaux et des chemins de fer, et surtout dans
cette dernière voie de communication.

On comprend facilement qu'il serait par trop dispendieux d'ouvrir une tranchée dans la traversée
d'une montagne élevée, que le tracé d'un chemin
de fer ne se prêtant pas à des courbes de faibles
rayons il ne serait possible d'éviter une tranchée
trop profonde que par des sinuosités qui augmen-
teraient considérablement la longueur du tracé et
par conséquent les dépenses.

On s'est donc déterminé à s'ouvrir un passage souterrain.

Il est généralement admis que, lorsqu'une tranchée doit dépasser une hauteur de 16 mètres, il est préférable d'établir un tunnel. Cependant, il faut le dire, on n'est pas encore bien convaincu de l'importance du choix à faire.

La nature du terrain, le voisinage possible d'eaux de sources, la configuration du tracé, sont autant d'éléments à consulter et qui doivent influer sur la détermination à prendre.

Une grande tranchée présente de sérieuses difficultés, à cause de l'énorme quantité de terres qu'il s'agit de fouiller et de retrousser en cavalier, si les terres n'ont pas une destination, ou de transporter peut-être à de grandes distances ; il en résulte toujours, soit par la main-d'œuvre, soit par la grande surface de terrain nécessaire à l'ouverture de la tranchée et aux dépôts en cavalier, il en résulte des frais énormes qui dépassent souvent de beaucoup ceux qu'occasionnerait le creusement d'un souterrain.

Une des plus grandes tranchées qui existent, c'est la Désague, ouverte pour faire écouler les eaux du lac Mexico.

Cette tranchée avait dans l'origine été percée en souterrain, mais l'affaissement des piédroits fondés sur un terrain peu solide détermina la chute de la maçonnerie.

A la suite de cet accident, on se détermina à déblayer cette tranchée à ciel ouvert, et elle eut 20,500 mètres de longueur totale ; plus de 108 mètres sont à 60 mètres de profondeur.

Cette tranchée est d'ailleurs tout à fait exceptionnelle et, comme on le voit, elle n'a été entreprise que comme pis-aller.

La tranchée de Glomel, au canal de Nantes à Brest, a 22 mètres de profondeur; elle a été pratiquée dans un schiste pyriteux qui, lors de l'excavation, présentait beaucoup de consistance, mais qui s'altérait sensiblement sous l'action de l'air.

Au canal de Charleroi, la tranchée de Vanderbeck a 19 mètres de profondeur ; elle a été ouverte dans un terrain sablonneux et peu consistant.

Une tranchée de 24 mètres de profondeur a été ouverte pour la construction du canal d'Antoing.

Le terrain était formé de sable fin et les excavations verticales se soutenaient assez bien sur une hauteur de 6 mètres ; mais bientôt elles prenaient d'elles-mêmes une légère pente.

Il est des terrains qui se prêtent peu à une pente raide ; il faut remarquer d'abord l'argile pure traversée de sources supérieures ; les effets produits par l'humidité et la sécheresse sont tellement sensibles sur les argiles, que les talus ne peuvent jamais être à un état stationnaire.

Les tranchées que nous venons de citer peuvent être regardées comme ayant des hauteurs exceptionnelles, et il est rare qu'on se décide à en entreprendre d'aussi élevées, lorsque du moins elles doivent avoir une grande longueur.

Malgré les difficultés qui se présentent dans le percement d'une voie souterraine, dans un terrain dont la nature est peu connue, il est préférable sous le rapport de la dépense d'avoir recours à ce moyen.

Une excavation souterraine est une opération trop délicate pour qu'elle n'exige pas une étude approfondie, une attention et des soins toujours soutenus.

Quoiqu'il semble difficile de poser des règles pour l'entreprise d'un pareil travail qui dépend en grande partie de la nature des terrains qu'on rencontre, et qui ne peut être mené à bien que par la présence d'esprit, le talent de celui qui le dirige, il peut être bon d'examiner les moyens employés jusqu'ici dans la construction de divers souterrains et d'en déduire quelques bons enseignements sur la marche à suivre en pareil cas, dans les différents terrains qu'il est possible de rencontrer.

Il nous arrivera de parler de la construction et du muraillement du souterrain, quoique notre sujet ne traite que de terrassements ; mais le déblaiement et la construction se lient si étroitement dans le percement d'un souterrain, que nous serons obligé d'entrer dans des considérations qui, quoique étrangères à cet ouvrage, peuvent présenter quelque utilité.

Parmi les considérations qui entrent dans la construction d'un souterrain, il en est deux qui doivent dominer toutes les autres.

Nous voulons parler d'une exécution prompte et d'une construction peu dispendieuse.

Les travaux entrepris pour l'ouverture d'un canal ou d'un chemin de fer devant coïncider et être menés de front, il est bon d'imprimer à la construction des souterrains une rapidité qui est nécessitée par l'importance du travail, par les obstacles de toute nature qu'on y rencontre, et par l'impossibilité d'obtenir les moyens faciles et prompts qui se présentent dans une construction à ciel ouvert.

La nécessité de faire servir les terres excavées à l'établissement du chemin de fer, le besoin d'établir une communication prompte avec le dehors, soit pour la sortie des terres, soit pour l'introduction des matériaux, ont donné l'idée de commencer le travail par le percement d'une galerie à section suffisante pour le passage d'un vagon d'une entrée à l'autre.

Le souterrain doit donc être attaqué par ses deux extrémités, dès que des sondages réitérés faits en plusieurs points auront fait reconnaître la nature des terrains qu'on doit traverser.

De plus, des puits creusés soit dans l'axe du chemin de fer, soit à côté de l'axe, permettent de multiplier les ateliers qui doivent attaquer le déblaiement de la galerie provisoire.

Ces puits ont l'avantage de faire connaître d'une manière définitive la nature des terres.

Leur nombre dépend de l'activité qu'on veut imprimer à la marche du travail.

Un inconvénient grave qui se présente surtout dans les terrains peu consistants est la rencontre des sources qui produisent des éboulements et qui compromettent la vie des ouvriers, la marche du travail et la solidité de la construction; aussi semble-t-il bon de donner toujours une pente au chemin de fer dans une traversée souterraine; la galerie étant percée suivant cette pente laisse échapper les eaux au dehors. Le souterrain des Batignolles, construit sur le chemin de fer de Paris à Saint-Germain, le souterrain de Saint-

Cloud, construit sur le chemin de fer de Versailles (rive droite), ont été exécutés d'une manière fort remarquable, et la méthode qui a été suivie avec succès a pu être employée depuis avec peu de changements.

Le souterrain de Saint-Cloud, qui a 504 mètres de long, est établi en ligne droite et suivant la pénte du chemin de Versailles, c'est-à-dire 0,005 par mètre.

Il a été percé dans un terrain composé de glaise et de marne verte.

Pourtant un banc de gypse a été rencontré et a dispensé, en quelques endroits, d'élever des pié-droits.

Le souterrain de Saint-Cloud a été attaqué à ses deux extrémités, et à l'aide de dix puits qui ont été percés dans le sens de l'axe du souterrain et à quelques mètres de cet axe. A mesure que ces puits étaient forés, on avait soin de les blinder forte-ment.

Au lieu de leur donner une section circulaire, on les avait creusés suivant un rectangle, ce qui devait aider au blindage.

La section était d'environ 3^{m}60 mesurés suivant l'axe du chemin de fer, et de 2,80 de largeur.

Chaque puits avait été creusé à 2 ou 3 mètres au-dessous du sol projeté pour la galerie ; cette mesure était nécessitée par la crainte des eaux, et on avait soin de couvrir ces puisards d'un fort plancher au niveau du sol de la galerie.

Les premières terres enlevées dans chaque puits ont servi à exhausser de 2 mètres les bords de l'orifice supérieur, afin d'empêcher les eaux pluviales de couler dans la galerie et d'aider au déchargement des terres déblayées.

Mesurés du haut de cet exhaussement, au niveau du sol de la galerie, les puits n° 1 et n° 2 avaient 19 mètres de profondeur ; le n° 8, qui était le plus profond, avait 34 mètres.

Un hangar était placé sur chaque puits, afin que l'on pût continuer de tout temps.

Le système de blindage consistait en quatre poteaux posés aux quatre angles, entretoisés par des pièces de bois et deux cours de moises. Des madriers formant palplanches étaient introduits entre ces entretoises et la surface du terrain, et les vides qui restaient étaient remplis soit avec des terres, soit avec des débris de pierres.

Les poteaux avaient 0,22 d'équarrissage et 2 mètres de long.

On avait soin de faire entrer à coups de masse des coins entre les poteaux et les pièces de bois formant entretoises.

Les poteaux étaient superposés les uns sur les autres, assemblés et réunis par des boulons.

Le blindage avait lieu à mesure que le forage avançait.

Les puits n'étant pas creusés dans l'axe du chemin de fer, des galeries transversales les réunissaient à la galerie principale ; nous verrons plus loin ce que ce système de ne point percer de puits dans l'axe du chemin de fer présente d'avantages et d'inconvénients.

Les galeries transversales et la galerie principale avaient leur sol élevé à 3m40 au-dessus du niveau définitif des rails.

Fig. 250. Le boisage de la galerie principale et des galeries transversales était le même.

Il consistait en un cours de poteaux espacés de 1ᵐ50 et de 0,22 d'équarissage.

Une pièce de bois transversale formant chapeau couronnait deux poteaux se faisant face et était fortement assemblée avec eux. Ces poteaux reposaient sur des semelles transversales à l'axe de la galerie; des couchis étaient placés sur les chapeaux et formaient le ciel de la galerie boisée.

Dans les galeries transversales seulement, des plats-bords horizontaux étaient également intercalés entre les faces verticales de la galerie et deux poteaux consécutifs.

Des débris ou des cales en bois remplissaient les vides existant entre ce plancher et le sol supérieur de l'excavation.

La galerie ainsi boisée avait 2 mètres de large et 1ᵐ85 de hauteur.

Près des puits, on avait eu le soin de moiser les pieds de deux poteaux d'un même châssis.

Le boisage de la galerie avait lieu à mesure que le déblaiement s'opérait.

Il est de toute nécessité que les étais soient préparés d'avance et soient placés à mesure que la fouille avance ; de cette manière seulement on évite les éboulements et les accidents.

Lorsque la galerie fut percée entièrement et boisée dans toute sa longueur, à cause du peu de consistance des terres, on procéda à la construction du souterrain ayant sa section définitive.

Il est nécessaire, avant de commencer les fouilles, de tracer l'axe du souterrain et de le repérer d'une manière fixe sur le sol de la galerie ; il faut également planter des bornes de nivellement qu'on est obligé de consulter sans cesse lors de la pose des cintres.

La construction du souterrain devant commencer par la partie cintrée, on enleva un châssis composé, comme nous l'avons dit, de deux poteaux couronnés d'un chapeau transversal et reposant sur une semelle ; on enleva également les couchis de deux travées qui reposaient sur ce cadre, et l'on se mit à déblayer verticalement la voûte jusqu'à l'extrados de la maçonnerie qui devait y être placée.

Cette fouille eut lieu en avant et en arrière du châssis enlevé et sur une largeur suffisante pour placer un madrier contre le ciel de l'excavation, et le faire soutenir par deux poteaux provisoires posés dans le milieu des deux travées.

Lorsque ces étais furent placés, on élargit la fouille, et à chaque côté d'un poteau fut mis un chevalet représenté à la figure 251. Deux nouveaux madriers furent posés sur les chevalets, une fois mis en place, et soutinrent le ciel de l'excavation.

Cette opération faite, on put enlever le poteau provisoire, et le madrier qui le soutenait reposait désormais sur les chevalets.

L'exhaussement de la galerie provisoire, jusqu'au ciel de la fouille définitive, eut lieu ainsi, l'élargissement avait lieu en même temps.

Comme nous l'avons vu, deux chevalets consécutifs n'étaient séparés que par l'épaisseur du poteau provisoire qui depuis avait été enlevé.

Fig. 252. Latéralement aux chevalets, le terrain fut fouillé successivement et une suite d'étais formant éventail fut posée dans le milieu de deux chevalets.

Ces étais reposaient sur des semelles et étaient couronnés par des madriers qui soutenaient le ciel de la fouille.

Ces étais, dont l'ensemble a la forme d'un éventail, étaient entretoisés par des cales, et pour éviter le glissement de ces poteaux sur la surface des madriers supérieurs, ce qui aurait pu avoir lieu à cause de l'inclinaison aiguë de ces pièces l'une sur l'autre, on avait soin de les clouer grossièrement mais fortement.

Le nombre des poteaux formant éventail dépendait de la disposition des terres de la partie cintrée à se soutenir sans étais.

Fig. 253. Lorsqu'une longueur du souterrain était ainsi fouillée et étayée, on procédait au cintrement entre deux étaiements. Pour l'exécution de la voûte en maçonnerie, on préparait la fouille d'une autre longueur.

Chaque atelier était formé ainsi d'un atelier de terrassement et d'un atelier de maçonnerie.

L'exécution des maçonneries avait lieu par *anneaux;* on appelait anneau, la portion de maçonnerie entreprise sur une partie fouillée.

Lorsqu'un anneau était suffisamment sec, ce qui avait lieu une quinzaine de jours après la construction, on s'occupait de pratiquer la fouille nécessaire à l'élévation des piédroits.

Fig. 254. La maçonnerie de la voûte reposait sur des couchis dirigés dans le sens de l'axe du souterrain et reposant sur des cales tendant au centre.

Les cintres de la voûte reposaient sur une semelle

générale formée de trois pièces, régnant sur toute la largeur du souterrain, y compris l'épaisseur de la maçonnerie et placée au niveau du sol de la galerie provisoire.

Latéralement et à 2 mètres de l'axe de la galerie provisoire, une fouille verticale avait lieu sur une largeur de 1^m50 jusqu'au niveau des rails.

Un poteau vertical et un étrésillon soutenaient la semelle au droit de la fouille et à la partie inférieure du cerveau des cintres. Souvent les étrésillons seuls étaient posés ; ils avaient 0,20 d'équarrissage et reposaient sur des semelles.

La fouille nécessaire à l'élévation des piédroits avait lieu alors en toute sécurité.

Lorsque les piédroits étaient élevés, il ne restait plus à enlever que le bloc de terre placé sous la galerie provisoire et entre les fouilles des piédroits.

Forage des puits, extraction des terres provenant du percement du souterrain. — Divers moyens furent employés pour extraire les terres venant des fouilles.

Fig. 129, 130. Un treuil placé au-dessus de chaque puits, à deux mètres au-dessus du terrain naturel, était mû par quatre hommes. Sur le tambour du treuil s'enroulaient en sens inverse deux cordages, à l'extrémité desquels étaient suspendus deux baquets ou bourriquets (fig. 137, 138).

Fig. 136. L'accrochage avait lieu au moyen d'un crochet placé à l'extrémité de la corde et entrant dans un anneau au haut du baquet.

Des dispositions représentées à la figure 136 empêchent l'anneau de sortir du crochet pendant la descente et la montée.

La manœuvre consistait à faire monter un baquet plein, pendant qu'un vide descendait.

Lorsqu'un baquet plein arrivait à hauteur, il était saisi et enlevé par deux des quatre hommes placés au treuil et remplacé immédiatement par un baquet vide.

On se figure aisément combien il était dangereux et difficile à la fois de saisir ces baquets qui arrivaient à l'orifice du puits, à la hauteur seulement du treuil.

On était obligé pour y arriver d'imprimer au cordage auquel il était accroché un mouvement d'oscillation très prononcé.

Il serait convenable d'établir sur l'orifice du puits une portion de plancher qui aidât à cette manœuvre.

Le treuil à bras fut bientôt remplacé aux puits nos 3, 5, 7 et 9 par un manège mis en mouvement par un cheval, et les baquets furent remplacés par des paniers qui eux-mêmes firent place à des camions à trois roues, fig. 141, 142. Les puits auxquels des manèges avaient été adaptés étaient spécialement consacrés à l'enlèvement des terres.

Fig. 141. On se détermina à employer ces camions, à cause du peu de solidité des baquets et des paniers, et de la possibilité de faire manœuvrer ces camions dans la galerie, à mesure que le percement avançait; le baquet ne cubait que 0^m053, le panier, 0^m071, tandis que le camion cubait 0^m300.

Ces camions servirent pendant toute la durée du percement.

Nous examinerons plus loin le travail donné par ces divers moyens de transport,

Le manège établi à l'orifice supérieur de chaque puits n'était d'abord mû que par un cheval, son tambour avait 1,40 de diamètre, et le bras de levier auquel le cheval était attelé avait 3ᵐ50 de longueur.

Les camions n'étaient munis que de trois roues, et l'essieu de la roue de devant avait du jeu dans sa boîte, afin qu'il pût tourner aisément de la galerie principale dans une galerie transversale.

Le chargement se faisait directement dans ces camions, et lorsque les abords des fouilles étaient embarrassés, les terres étaient enlevées à la brouette, montaient une rampe près de laquelle étaient placés les camions, et étaient déchargées directement.

Quatre hommes les manœuvraient avec facilité.

Quatre anneaux placés aux quatre angles recevaient les quatre crochets du cordage descendant du manège.

Le camion, une fois rempli, était monté à la surface supérieure du puits, pendant qu'un camion vide descendait; lorsqu'il était à hauteur, un plancher mobile était roulé au-dessous du camion et couvrait la moitié de l'orifice du puits; un mouvement rétrograde du cheval laissait reposer le camion sur le plancher.

Le camion était décroché, retiré et remplacé par un camion vide.

Un mouvement en avant faisait enlever légèrement le camion vide, le plancher était retiré, et le cheval placé en sens contraire faisait descendre au fond du puits le camion vide, pendant qu'un camion plein montait de la même manière.

La manœuvre des deux camions montant et des-

cendant était nécessairement gênée ; aussi avait-on
eu soin de partager le puits en deux parties, au
moyen de fortes planches fixées au blindage.

Une dernière modification fut faite à ce mode de
transport vertical.

Le diamètre du tambour fut porté à 2,50, et un
second bras de levier fut ajouté au manège pour
servir à atteler un second cheval.

Le cube moyen enlevé par chaque puits par
journée de dix heures était de $16^{m3}67$ lorsqu'on
se servait de baquets.

Le cube moyen de terres enlevées pendant le
même temps, au moyen du manège à un cheval et
de paniers, était de $21^{m3}30$.

Le cube moyen de terres enlevées au camion, et
à l'aide du manège à deux chevaux, était de 51
mètres cubes par chaque puits et par journée de
dix heures.

Les terres enlevées ainsi avant la fouille étaient
soumises à des expériences destinées à constater le
foisonnement.

Il fut reconnu qu'un mètre cube de terre donnait
$1^{m}75$ de déblai.

Il faut donc réduire, en conséquence, les trois
chiffres obtenus.

Avec un treuil à bras et des baquets, le cube enlevé dans une journée de dix heures, et par chaque
puits, était donc de $9^{m}56$. Avec un manège à cheval
et des paniers, dans les mêmes conditions, le cube
était de $12^{m}24$.

Avec le manège à deux chevaux et des camions,
le cube moyen était de $29^{m}30$.

Le transport des déblais avait lieu par les puits

seulement, jusqu'au moment où la tranchée du côté de Paris fut arrivée à la profondeur du sol de la galerie provisoire.

Dès que l'avancement de cette tranchée permit la sortie des terres par la tête, du côté de Paris, on construisit de petits vagons qui ne cubaient que 0^m250 et étaient mis en mouvement par un seul homme. Sur le sol de la galerie provisoire, étaient placés des châssis bout à bout, et les vagonnets roulaient sur des plates-bandes de fer clouées sur ces châssis.

Les terres étaient ainsi roulées dans la tranchée et déchargées en cavalier pour être reprises par des tombereaux.

Ces vagonnets étaient d'un service excellent ; leurs petites dimensions leur permettaient de passer sous les étais et les échafaudages ; ils étaient poussés par des ouvriers qui pouvaient, sans gêner leurs mouvements et leur marche, avancer en se baissant.

La décharge avait lieu très aisément ; l'ouvrier culbutait le vagon et le remettait sur ses roues lorsqu'il était vide ; plus tard, une amélioration fut introduite.

A la sortie de la galerie, la voie provisoire des vagonnets, qui n'était que de 0^m50, fut prolongée en rampes sur des longrines qui reposaient d'un côté sur le cavalier, de l'autre sur des chevalets. Les vagonnets atteignaient ainsi la hauteur des tombereaux et y déchargeaient directement leurs terres.

Le forage des puits a commencé en septembre 1837, et a été terminé, ainsi que le percement des galeries transversales, en janvier 1838.

La galerie d'axe, commencée en janvier 1838, a été terminée en mars.

En décembre 1838, le déblai du tunnel était totalement terminé ainsi que le muraillement.

Le souterrain de Saint-Cloud a été percé dans des terrains manquant complètement de consistance, et les moyens employés dans un cas pareil ne doivent pas être les mêmes, lorsqu'on rencontre des terrains consistants, se tenant d'eux-mêmes, et n'exigeant pas les frais considérables d'étaiements que nous venons de décrire.

Il arrive aussi que, dans des terrains glaiseux, on est obligé de donner à la voûte un *radier* qui n'est autre qu'une voûte renversée et destinée à s'opposer au soulèvement des terres pressées par le poids des piédroits et de la voûte.

Cette construction ne peut avoir lieu qu'après l'achèvement du souterrain et consolide parfaitement la construction du tunel.

Les procédés que nous avons décrits ci-dessus pour la construction du souterrain de Saint-Cloud sont les mêmes que ceux employés pour l'établissement des souterrains de Terre-Noire et des Batignolles.

La galerie souterraine de Terre-Noire, sur le chemin de fer de Lyon à St-Etienne, a 1,440 mètres de longueur ; elle a été attaquée à la fois à ses deux extrémités et au moyen de sept puits foncés sur l'axe.

Les profondeurs de ces puits étaient :

Puits n° 1 . . . . 31 mètres.
— n° 2 59
— n° 3 86,40

Puits n° 4 . . . . 52 mètres.
— n° 5 41
— n° 6 18
— n° 7 13

Le puits n° 6 s'étant éboulé fut abandonné.

Les puits avaient 2 mètres de diamètre intérieur, et étaient forés dans un terrain peu consistant.

Le prix du mètre courant de déblai des puits a varié depuis 25 fr. jusqu'à 75, suivant que le puits avait plus ou moins de profondeur, et que les terrains traversés étaient plus ou moins durs.

Le percement des puits commença vers la fin de 1826, et la galerie provisoire fut totalement percée vers la fin de 1830.

Le mètre cube de roche excavée et extraite est revenu, dans les parties les plus dures, à 17 fr. le mètre courant, et est descendu à 13 fr. par suite de la concurrence des tâcherons.

Les mineurs avançaient de 6 à 10 mètres dans la roche tendre et laissaient faire le muraillement, suivant le procédé que nous avons indiqué pour le souterrain de Saint-Cloud. Pendant cette construction, l'atelier des mineurs était reporté de l'autre côté du puits.

Dans les terrains qui n'offrent qu'une médiocre solidité, on a suivi, en Angleterre notamment, sur le chemin de fer de Londres à Douvres, et en France, sur le chemin de fer de Paris à Rouen, un mode beaucoup plus expéditif, et qui, dans certains cas, présente de notables avantages sur celui qui a été suivi aux chemins de fer de St-Germain et de Versailles.

Ce mode, qui du reste offre de réels avantages,

n'a une application réelle que dans des terrains assez
solides, permet d'attaquer la fouille sur un grand
nombre de points et d'opérer plus rapidement l'extraction des terres.

Le souterrain de Rolleboise a été percé dans une
masse crayeuse, manquant quelquefois de solidité,
mais suffisamment compacte dans la plus grande
longueur du souterrain.

Une galerie de 2 mètres de large sur 2 mètres
de hauteur a été pratiquée d'un bout à l'autre du
souterrain.

Le sol de la galerie était le même que celui du
tunnel définitif.

Dix puits furent foncés et servirent, ainsi que les
deux extrémités, au percement de la galerie provisoire qu'on étayait fortement dans les endroits où
le terrain présentait peu de solidité.

La profondeur des puits était de 40 à 82 mètres.

Lorsque la galerie fut excavée, on établit un chemin de fer sur lequel purent circuler des vagons de
terrassement destinés à transporter les déblais au
dehors et les matériaux au dedans.

Une seconde galerie d'une section moindre fut
pratiquée à la partie supérieure de l'excavation définitive.

Cette galerie ne fut pas exécutée sur toute la
longueur.

Lorsque la roche était suffisamment solide, on enlevait de la galerie inférieure et de la galerie supérieure toute la masse qui se trouvait encore de
chaque côté des deux galeries.

Ces excavations, qui avaient la forme du souterrain à l'extrados de la maçonnerie, étaient prati-

quées sur une longueur de 4 mètres, mesurés suivant l'axe de la galerie.

Des poutres étaient appliquées contre les parties concaves de l'excavation, et les extrémités de ces poutres entraient dans des entailles pratiquées dans les surfaces verticales non excavées et formant les extrémités d'une excavation de 4 mètres.

La section entière étant ainsi ouverte sur une longueur de 4 mètres, on commençait par élever les piédroits et on plaçait les cintres destinés à exécuter le revêtement en maçonnerie de la voûte.

Les piédroits s'élevaient ainsi en même temps de chaque côté, ainsi que la maçonnerie de la voûte.

A mesure que la construction avançait, on retirait les poutres longitudinales et on arrivait à la clef de la voûte qu'on fermait, en plaçant comme au souterrain de Saint-Cloud des couches perpendiculaires à l'axe de la voûte.

On a pu, en employant cette méthode, travailler sur plusieurs points à la fois à l'élargissement de la voûte, en même temps qu'on pouvait élever les maçonneries dans les parties déjà élargies.

Lorsqu'une portion à élargir se trouvait à la suite d'une partie revêtue de sa maçonnerie, les poutres longitudinales reposaient d'un côté dans la maçonnerie, et de l'autre dans la surface verticale de la roche non extraite.

Lorsque la craie n'offrait pas une solidité rassurante, on déblayait et élevait les maçonneries, comme nous l'avons indiqué pour le souterrain de Saint-Cloud.

La méthode employée au souterrain de Rolleboise

trouverait une application avantageuse dans les terrains assez compacts.

L'excavation de la galerie, au niveau du chemin de fer, permet d'attaquer le travail en un grand nombre de points et d'établir un transport immédiat et économique pour la sortie des déblais et l'entrée des matériaux.

Le percement de la petite galerie aide à l'excavation latérale dans la partie élevée du tunnel, et permet de charger les vagons à hauteur même.

Fig. 256, 258. Au chemin de fer de Londres à Douvres, les pièces de bois longitudinales destinées à étayer la voûte excavée étaient supportées d'un côté dans l'entaille faite dans la roche, comme au souterrain de Rolleboise, et de l'autre dans la maçonnerie, de façon qu'il aurait pu suffire de faire avancer constamment ces pièces de bois à mesure qu'on excavait.

Les difficultés qu'on rencontre dans le percement des souterrains ne consistent pas seulement dans la friabilité des terrains traversés ; ces difficultés peuvent être surmontées par de sages précautions et un boisage bien entendu, ce qui n'est en définitive qu'une question de dépense qu'il est possible d'évaluer et de prévoir ; mais il est d'autres obstacles qui appartiennent en totalité à l'imprévu et qui exigent de la part de celui qui dirige les travaux une présence d'esprit achevée et une expérience consommée, en même temps qu'ils nécessitent des surcroîts de dépenses qu'il est de toute impossibilité de prévoir.

Deux souterrains construits en Angleterre sur le chemin de fer de Douvres, ont mis à l'épreuve toute

la sagacité et l'habileté des ingénieurs qui diri-
geaient les travaux.

Au tunnel de Saltwood, les sables mouvants qu'on
rencontra étaient tellement sillonnés de sources
qu'une quantité incroyable d'eau arrêtait sans cesse
les travaux et qu'on dut assainir le souterrain pendant et après le percement de la galerie provisoire,
avant de se préparer à excaver le tunnel dans sa
section définitive.

Au souterrain de Bleckingley, les excavations
eurent lieu dans une marne sableuse et dans une
argile bleuâtre qui n'offrirent pas moins de difficultés.

Cette argile, qui d'abord était douce et nécessitait
seulement les étaiements habituels, devint bientôt
d'une dureté remarquable.

Mais l'influence atmosphérique était si puissante
sur cette argile que, dès qu'elle se trouvait en contact avec l'air, elle s'enflait si considérablement que
les étais des plus fortes dimensions étaient brisés
instantanément.

L'humidité produisait le même effet ; aussi fut-on
obligé de donner à l'étaiement les proportions les
plus fortes, et d'assainir sans relâche et à mesure
de l'avancement des travaux.

Le tunnel de Saltwood a 870 mètres de longueur,
et a coûté 3,871,270 fr.

Le tunnel de Beckingley a 1,210 mètres de longueur, et a coûté 2,411,000 fr.

La section de ces tunnels est elliptique, et les
bases des piédroits sont reliées par une voûte sur-
baissée ou *radier*.

Dans le milieu du radier, une rigole en maçonnerie destinée à l'écoulement des eaux a été pratiquée.

Dans les galeries provisoires percées dans les terrains traversés par des sources, il est bon de conserver une rigole par laquelle les eaux s'écoulent; cette mesure assainit considérablement l'excavation dès que les tranchées pratiquées aux deux extrémités des souterrains sont terminées ; aussi sommes-nous d'avis de donner toujours une pente au tracé du souterrain.

Les puits d'exploitation des deux tunnels du chemin de fer de Douvres ont été forés dans l'axe du souterrain.

Le désir de garantir les ouvriers des accidents qui peuvent survenir dans le transport vertical des terres, a engagé des ingénieurs à les foncer sur le côté ; mais outre que cela occasionne un surcroît de travail, à cause de l'ouverture de galeries transversales, cela enlève les avantages que peut donner l'établissement d'une voie établie longitudinalement.

Il faudrait dès lors établir des embranchements à chaque galerie transversale, et d'ailleurs le rayon qu'on pourrait leur donner serait trop faible pour qu'un vagon pût y passer.

Nous ne croyons pas du reste que les dangers puissent en être accrus.

Il est souvent nécessaire d'aérer les puits et les galeries excavées.

L'acide carbonique incommode beaucoup les ouvriers et éteint les lumières ; on remédie à cela en plaçant un ventilateur à l'orifice des puits, et on envoie ainsi de l'air au moyen de tuyaux dans les lieux où les ouvriers travaillent.

Dans les terrains à peu près solides, on s'abstient de boiser les puits à mesure de leur fonçage ; lorsqu'ils présentent peu de consistance, il est indispensable de les étayer dans toute leur profondeur, à mesure de l'avancement du forage. Parfois même, on se trouve obligé de les revêtir de maçonnerie et de prendre des mesures pour que les terres placées derrière ce revêtement ne coulent pas lorsque l'excavation continue. Quoique ces divers moyens puissent sembler présenter toute sécurité, il peut arriver que dans certains terrains mouvants et traversés par des sources, les moyens que nous venons de citer soient insuffisants ; le tunnel de Saltwood en a offert un exemple fort intéressant. L'énorme quantité d'eau qu'on y puisait sans relâche décida les entrepreneurs à différents modes de percement que nous allons exposer. Un anneau en bois dur dont la surface inférieure était taillée en biseau et dont le diamètre extérieur était égal au diamètre définitif du puits, plus deux fois l'épaisseur du revêtement donné, fut placé dans le puits foré, à 2 mètres seulement de profondeur et avec un égal diamètre. Sur cet anneau, une maçonnerie fut élevée en forme de tour, et à mesure que le poids de l'appareil augmentait et que les terres étaient excavées, cette espèce de tambour descendait, et aidé qu'il était par le couteau circulaire de la base, arriva ainsi à une profondeur d'environ 13 mètres.

Là, le tambour ne put descendre davantage, et on en fit descendre un autre dont le diamètre extérieur était égal au diamètre du premier. Ce fut ainsi qu'on atteignit une profondeur de 22 mètres.

La surface extérieure de ces tambours était pré=

parée avec soin, afin que l'appareil pût glisser
aisément à travers les terres.

Cette méthode, qui peut-être paraîtra peu expéditive, présente une grande sécurité pour la vie des
ouvriers.

Il est entendu qu'à mesure que l'appareil descend, le parement circulaire est élevé de façon à
être toujours au niveau du sol.

Un autre mode est aussi généralement employé
et présente beaucoup de rapports avec celui que
nous venons de décrire.

Le forage du puits a lieu jusqu'au moment où il
est reconnu que les terres ne peuvent plus se soutenir.

Aussitôt un fort anneau en bois plat est posé au
fond de l'excavation, de façon à ne laisser ouverte
que la section à donner au puits une fois revêtue
de maçonnerie.

Sur cet anneau, on élève le revêtement de maçonnerie.

Le percement continue sur un diamètre plus
petit, et ce n'est que par portions qu'on enlève les
terres placées sous le disque en bois.

A mesure que ces portions sont enlevées, des
étais les remplacent, et lorsque l'anneau surmonté
du revêtement est soutenu sur des étais, on continue en dessous le revêtement de maçonnerie
entre les étais qu'on retire ensuite un à un.

Le revêtement en briques des puits ne fut pas
continué dans les souterrains du chemin de fer de
Douvres jusqu'à l'extrados de la voûte du tunnel
afin qu'on ne se trouvât pas obligé de défaire un
muraillement lors de l'excavation complète d'

souterrain. Un revêtement en bois fut posé. Pourtant, ce boisage ne pouvant suffire à supporter le cylindre de maçonnerie dont le poids était trop considérable, l'adhésion de ce cylindre au terrain, malgré les pressions des terres, ne pouvait non plus suffire, il fallait donc user des deux moyens praticables.

On pouvait soutenir cette maçonnerie d'en haut du puits ou bien en dessous de la maçonnerie, c'est pour ce dernier parti qu'on se décida au tunnel de Bleckingley.

Un châssis, formé de quatre pièces de bois, ayant un équarrissage de 0,35 à 0,40, suffisait pour supporter le revêtement du puits, à cause du terrain sur lequel il était placé et qui présentait une dureté satisfaisante. Deux des pièces formant le châssis, dirigées traversalement à l'axe du tunnel, étaient d'une grande longueur.

La maçonnerie ne portait pas directement sur le châssis ; entre eux se trouvait intercalé un disque en bois d'une largeur égale à l'épaisseur du revêtement. Au souterrain de Saltwood, les avantages du terrain ne furent pas les mêmes ; aussi fut-on obligé de soutenir la maçonnerie du puits par la partie supérieure.

Deux châssis semblables à ceux de Bleckingley furent placés, l'un à la surface supérieure et l'autre à la surface inférieure, et ils furent réunis par quatre tirants en fer.

Cette opération terminée, on put continuer le percement des puits jusqu'au sol futur du tunnel, l'excavation étant étayée par des cadres en bois qu'on plaçait à mesure qu'on arrivait à un creusement de 2 mètres, et ils étaient soutenus les uns sur les autres au moyen de fortes poutres. Entre ces cadres et le terrain, on chassait des palplanches qui, sauf quelques rares exceptions dans lesquelles on était obligé de soutenir ce boisage, maintenaient suffisamment les terres, malgré la pression produite par leur renflement au contact de l'air.

Au lieu d'arrêter le creusement des puits à l'extrados du radier, on fut obligé à Bleckingley de le continuer sur une profondeur de 2 mètres, afin d'y laisser écouler les eaux provenant des sources. Ces eaux furent élevées par les treuils servant à extraire les terres. A Saltwoold, on dut procéder autrement, l'eau était si abondante dans les fouilles que souvent les moteurs n'étaient occupés qu'aux épuisements.

Des grues furent placées au haut des puits et servirent à ces épuisements. D'un autre côté, les sables mouvants qu'on trouvait s'échappaient par les interstices des palplanches et derrière le boisage à mesure que l'excavation continuait. Il fallut donc rendre les palplanches jointives ou remplir les vides par de la paille; de plus, un réservoir en bois descendait à mesure qu'un nouveau cadre était placé, et par ce moyen on arriva à assainir assez complètement les terres.

Lorsque les puits furent à profondeur dans les deux souterrains, on perça, au niveau du sol définitif, une galerie provisoire dont le boisage consistait en châssis successifs. Ces châssis étaient formés de deux pièces de bois verticales couronnées d'un chapeau et reposant sur une semelle.

Les assemblages de ces diverses pièces avaient

lieu à tenons et mortaises. Des palplanches étaient enchassées sur les parties latérales de la galerie, et entre le ciel et les chapeaux des cadres, des planches étaient intercalées.

Lorsqu'on procéda à l'excavation définitive du souterrain, on s'y prit de cette manière : une galerie de près de 4 mètres était commencée dans les puits, le ciel de cette galerie était le même que celui de l'extrados de la voûte du tunnel, et la hauteur de $1^m 80$ environ.

Une pièce de bois était placée au ciel de la galerie et soutenue au fond sur un poteau vertical ; au droit du puits, elle était soutenue sur le boisage et quelquefois même sur un poteau vertical. On élargissait alors cette galerie par petite quantité et on étayait à mesure par une pièce de couronnement et par des pièces qui, d'abord verticales, s'inclinaient de plus en plus à mesure qu'on excavait l'ellipse de la voûte.

Au souterrain de Saltwoold, on fut obligé de diviser le creusement en trois opérations. Lorsque la partie inférieure fut excavée, comme nous venons de le dire, et que les pièces verticales furent supportées sur une semelle formée de deux pièces de bois assemblées à trait de Jupiter et de brides en fer, on creusa de nouveau sur une hauteur de 2 mètres dans la longueur du souterrain une petite galerie, et la semelle supérieure fut soutenue sur deux poteaux à droite et à gauche, les terres furent enlevées par la même méthode que nous avons décrite, et remplacées par des poteaux.

Une nouvelle semelle soutint ces poteaux, et la troisième hauteur fut excavée de la même façon.

Ce boisage était répété à peu près tous les 3ᵐ50, e
des pièces longitudinales servaient d'entretoises au
semelles ; les pièces de couronnement étaient égale
ment entretoisées.

Comme on le voit, la méthode employée dan
les souterrains anglais n'est pas la même que cell
que nous avons décrite sur le percement du souterrain de Saint-Cloud, aucun revêtement n'étai
commencé avant que la section complète du tunne
ne fût excavée sur une petite longueur et que l
boisage ne fût entièrement posé.

Lorsque, dans le percement d'un souterrain, o
rencontre des terrains peu ébouleux et qui présentent assez de solidité, on s'abstient de les boiser.

Ces terrains qui sont assez consistants pour rester un certain laps de temps sans avoir besoin d'être
étayés, ne conservent point cependant leur cohésio
au contact de l'air. Néanmoins cette altération n
se produisant pas immédiatement, on se content
d'excaver simplement et d'élever le revêtement e
maçonnerie, à mesure que le creusement a lieu.

Le prix de revient du mètre cube d'extraction es
considérablement diminué, par suite de l'économi
que l'on peut faire sur le boisage, et malgré l'élévation du prix de la main-d'œuvre dans des terrain
résistants.

Les exemples de ces excavations se présenten
fréquemment dans les percements de souterrains
à cause de la nature de quelques roches qui s'altè
rent aisément sous l'influence atmosphérique.

Le percement d'une galerie provisoire présente
dans ces conditions de terrain, des avantages auss
grands que dans des terrains peu consistants.

Il est toujours bon de hâter un moyen de circulation entre les points d'extraction, ainsi qu'entre les deux têtes du tunnel.

Ce système est d'ailleurs d'un grand secours pour l'écoulement des eaux et épargne des frais d'épuisement toujours dispendieux.

Il peut paraître meilleur de procéder à l'excavation de la section entière du souterrain, lorsqu'on se trouve dans des roches compactes dont l'extraction est plus facile, lorsque les mineurs peuvent disposer d'un plus grand emplacement.

En effet l'exploitation a lieu dans ce cas par gradins horizontaux, c'est-à-dire que le front de l'excavation présente la forme d'un escalier.

Dans ce mode de travail, chaque gradin doit offrir une surface assez grande pour y loger un poste d'ouvriers ; en les multipliant, on accélère le travail et on a l'avantage de laisser à découvert deux faces de la masse, la surface supérieure et la surface antérieure ; le cerveau se présente seul sur une seule surface.

Le nombre des gradins est du reste déterminé par le nombre de bancs contenus dans la masse.

L'excavation a lieu, comme nous l'avons vu plus haut, dans les excavations à ciel ouvert, au moyen du pic, de coins aciérés, de la pointerolle, de leviers, et enfin de la poudre.

Il est d'usage de composer chaque atelier de six mineurs qui travaillent deux à la fois, et qui se relèvent de huit heures en huit heures, et même de six heures en six heures.

De cette façon, le travail n'est point interrompu, et se poursuit avec plus de rapidité.

Avant de donner quelques aperçus sur les prix de revient, nous terminerons l'examen des diverses excavations faites dans des conditions différentes, par une des plus importantes.

Nous voulons parler du tunnel construit sous le lit de la Tamise, sous la direction de M. Brunel.

De nombreux sondages faits dans le lit du fleuve firent reconnaître un terrain argileux dont l'épaisseur était suffisante pour y pratiquer le creusement d'une galerie souterraine.

Ces terres marneuses devaient protéger le travail contre l'envahissement des eaux.

Cependant, lorsque les sondages furent poussés plus profondément, on découvrit, au-dessous de la masse argileuse, un sable coulant et aquifère qu'il n'était pas possible de penser à pénétrer, sans courir le risque de compromettre la marche du travail.

Il fallait donc se renfermer dans la couche compacte, en prenant toutes les précautions possibles pour éviter l'envahissement des eaux.

Au lieu d'ouvrir un puits, comme cela se pratique habituellement, on eut recours au moyen dont nous avons déjà parlé et qui consiste à faire d'abord le cuvelage, et à l'enfoncer dans le terrain à mesure du déblaiement des terres.

A 35 mètres des bords du fleuve, une tour en brique fut élevée sur un pilotis circulaire, capable de supporter un poids double de celui que devait avoir la construction en maçonnerie,

Cette tour avait 15 mètres de diamètre intérieur, et une épaisseur de 1 mètre.

Sa hauteur avait été portée à environ 12 mètres.

Il avait été reconnu que l'épaisseur du terrain,

avant la rencontre de la masse argileuse, était un peu moindre.

La base de la tour était composée d'un cercle en fonte de 0ᵐ91 de hauteur, et taillé en biseau à sa partie inférieure.

Au-dessus de ce cercle était une couronne en bois de 0ᵐ30 d'épaisseur.

C'est sur cette couronne que fut élevée la maçonnerie ; mais de temps à autre des couronnes de bois interrompaient la maçonnerie, et de forts boulons les reliaient à l'intérieur de la tour entre elles et avec le cercle de fer de la base.

Horizontalement, des pièces de bois et des boulons empêchaient le resserrement ou le desserrement de la tour cylindrique.

Le cercle en fer reposait sur des pieux dont les têtes furent laissées en partie découvertes.

Lorsque la construction de la tour fut terminée, une machine à vapeur fut placée à son sommet pour servir à l'extraction des terres et des eaux.

Le travail commença par une fouille autour de la construction, et aussi profondément qu'on put le faire.

Des sonnettes furent mises en place, et à coups de mouton on frappa sur la tête des pieux.

On avait soin de frapper à la fois sur les deux pilots extrêmes du même diamètre.

Lorsqu'on avait fait ainsi descendre, d'une petite quantité, un certain nombre de pieux, deux à deux, et de façon à ce que ces vides fussent répartis également sur toute la circonférence, la tour descendait par son propre poids et à l'aide du cercle en fer taillé en biseau.

Terrassier. — Tome I.   17

Lorsqu'on ne put plus fouiller à l'extérieur, on fouilla à l'intérieur, au droit de l'intrados de la tour, et même au-dessous du cercle en fer.

Les têtes de quelques pieux furent coupées, sur une petite hauteur, à coups de hache, et on suivit, pour cette opération, la même marche qu'on avait suivie pour les enfoncer à coups de mouton.

La tour descendait ainsi lentement, enfonçant les pieux qui étaient restés à hauteur, et ne s'arrêtait que lorsqu'elle arrivait sur les pieux coupés.

Elle descendit ainsi jusqu'à une profondeur de 18 mètres, ayant traversé, dans les derniers 7 mètres, le terrain argileux.

Une nouvelle tour fut alors construite dans ce terrain compact, intérieurement à la première, et poussée jusqu'à une profondeur de 6 mètres.

Une forte maçonnerie réunit la grande tour à la petite qui devait servir de puisard pour les eaux extraites de la galerie.

Le poids de la grande tour est de 1 million de kilogrammes et sert à enfermer l'escalier destiné aux piétons.

Au fond de cette grande tour fut ouverte la galerie, avec une pente de 0,0225 par mètre.

La hauteur du tunnel est de 6ᵐ 86, et sa largeur de 11ᵐ 60.

La partie la plus basse de l'excavation est à 22ᵐ 8 au-dessous des plus hautes eaux de la marée.

Pour l'ouverture de la galerie, M. Brunel se servit d'un bouclier en fonte. Ce bouclier est composé de douze châssis placés à côté les uns des autres comme des livres dans une bibliothèque ; ils pouvaient avancer longitudinalement, et indépendamment

ment les uns des autres, au moyen de vis qui venaient s'appuyer sur les maçonneries déjà construites en haut et en bas du tunnel.

Chacun de ces châssis était divisé en trois étages, ce qui partageait le bouclier en trente-six cellules occupées par les ouvriers.

Le fond de chaque cellule était bouché par une planchette appuyée contre le terrain à excaver par des vis de pression. A mesure qu'une planchette était enlevée, l'excavation continuait et le muraillement latéral et à l'intrados se faisait simultanément.

Chaque châssis était encadré avec des pièces de fonte taillées en biseau qui entraient dans le terrain.

Le poids total du bouclier était de 121,800 kilogr.

Plusieurs fois, lorsque les planchettes étaient enlevées, les eaux du fleuve pénétrèrent dans la galerie et arrêtèrent les travaux.

Des épuisements considérables durent être faits. Une fois entre autres, après un envahissement considérable des eaux, on s'aperçut que plusieurs vaisseaux, en jetant l'ancre au-dessus du tunnel, avaient enlevé les dépôts de terres qui jusque-là avaient protégé la construction contre l'envahissement des eaux.

Un vaste entonnoir s'était formé.

On dut songer à le combler, et on fut obligé de jeter dans la rivière 3,000 mètres cubes d'argile qui furent introduits au moyen de petits sacs en toile.

Après une inondation d'un mois, les travaux purent être repris, et après quelques inondations dont on parvint à triompher, le travail continua; et on arriva enfin à un résultat victorieux.

Haveuses mécaniques. — Dans la revue que nous avons faite des moyens d'exécution d'un tunnel, nous n'avons pas examiné le cas particulier et assez fréquent de la rencontre de bancs rocheux d'une plus ou moins grande dureté.

En parlant du travail des roches, nous avons indiqué des méthodes qui ont également leur application à cè genre de travaux.

Nous nous sommes, toutefois, réservé d'examiner ici certaines machines spéciales au creusement des tunnels, et que nous avons vues fonctionner.

L'une de ces machines est celle que M. le capitaine Beaumont avait imaginée pour le percement d'un tunnel devant servir à une nouvelle conduite d'eau pour Dublin. Cette première application ne fut pas heureuse par suite de la rencontre dans la roche attaquée de rognons quartzeux d'une très grande dureté. MM. Beaumont et Locock perfectionnèrent depuis leur appareil qui devait être appliqué aux mines d'Anzin.

Cette machine (fig. 310, 311, 312) marche par l'air comprimé à deux atmosphères, son piston peut battre deux cent cinquante coups par minute. La distribution a lieu par le mouvement de la tige du piston, et l'air, après avoir agi sur ce dernier, s'échappe dans la galerie et contribue puissamment à l'aération.

Le plateau A fixé à l'une des extrémités de la tige B porte sur son pourtour un grand nombre de mèches ou *fleurets a a*. Un foret *b* creuse un trou central destiné à recevoir la poudre qui doit faire éclater le noyau qui se trouve isolé lorsque la machine ayant effectué sa course a creusé une rainure annulaire à la manière du perforateur Leschot. Dans ce cas seulement, le diamètre extérieur de la rainure circulaire est celui de la galerie même.

La course de la machine s'effectue soit automatiquement, soit à la main, à l'aide d'une manivelle placée en Q, le cylindre pouvant glisser sur le bâti. Le mouvement de rotation à chaque coup de piston est produit par la roue à dents courbes R recevant son mouvement, par des intermédiaires, de celui-là même imprimé au tiroir.

Tout l'appareil est porté par des galets dont on peut relever l'axe à l'aide de vis sans fin P, pour que l'axe de la machine soit toujours de niveau.

La machine est arc-boutée par des bras H en deux morceaux réunis par un écrou à filets inverses ; elle est en outre étançonnée latéralement et par la partie supérieure.

Cette machine creuse les galeries circulairement, ce qui n'est pas le cas général. En outre, le diamètre de l'ouverture ne peut être que très restreint, ce qui obligerait, pour un tunnel de section ordinaire, à creuser plusieurs galeries semblables. Le travail de la poudre est limité par la rainure circulaire, et les éclats sont difficiles à sortir. La visite et le remplacement des mèches qui peuvent se casser est également difficile. On ne peut passer dans la chambre de travail qu'à travers le plateau A. Cette machine pèse dix tonnes.

Machine Behreus. — La machine de M. Behreus est fondée sur le même principe que la précédente, et en a par conséquent tous les inconvénients. La visite des outils est pourtant plus facile. Cet appareil n'a pas reçu, que nous sachions, d'application pratique.

Machine Jones et Levick. — Cette machine est fondée sur un principe différent des précédentes, et se compose de deux organes principaux.

La machine atmosphérique proprement dite (fig. 313 et 314) et la machine haveuse ou à faire les entailles dans la roche (fig. 315 à 317). Nous emprunterons à l'*Annuaire des anciens élèves des Ecoles d'arts et métiers* une description sommaire de ces deux appareils.

La machine de MM. Jones et Levick marche par de l'air comprimé à deux atmosphères et demie que lui envoie, par un tube flexible, une machine à comprimer l'air, d'un caractère tout spécial. Dans cette machine, composée de deux cylindres situés sur le même axe et fixés au même bâti, on remarque tout d'abord la suppression du volant. Le piston à vapeur, invariablement lié à celui à air, fait lui-même sa distribution sans que les fonds courent aucun risque. Le piston à air g, en touchant la tige i, fait marcher la bielle supérieure m, qui pousse tout à fait dans le cylindre à air la tige h, et peu après agit sur la tige t du petit tiroir de distribution où la vapeur arrive par un tube t' pour agir sur le piston n.

Celui-ci actionne le grand tiroir b, et sa course est limitée par les tampons en caoutchouc q, le piston o étant un simple guide. Le tiroir b est équilibré par le dispositif indiqué au dessin. On conçoit donc que le tiroir est au repos pendant presque toute la course du piston, et qu'il ne démasque l'un ou l'autre orifice que lorsque le piston h refoule l'une ou l'autre des tiges $i\ h$. Cette machine fait de cinq à six pulsations par minute, et la chaleur développée par la compression de l'air est enlevée par un bain d'eau froide.

La machine à couper a une distribution commandée également par le piston qui entraîne un coulisseau c glissant à frottement doux sur une tige d terminée par un arrêt b contre lequel vient heurter le coulisseau c quand le piston s'arrête, soit parce qu'il est à fond de course, soit parce que le pic a rencontré une résistance. Dans ce dernier cas, le coulisseau marche jusqu'à l'arrêt b en vertu de sa vitesse acquise. Au retour, le piston même vient heurter le disque, à moins que, arrêté de nouveau, le coulisseau ne vienne aussi le repousser. On comprend dès lors la distribution rendue automatique par cette combinaison. Le levier L sert à gouverner le tiroir directement et à la mise en train.

Le dessin indique comment l'avancement peut avoir lieu par le volant V, commandant les engrenages inférieurs, et comment la rotation du pic P peut s'obtenir par le volant V'. L'effort maximum absorbé serait de 3 chevaux, et le travail produit correspondrait à celui de 20 travailleurs.

Enfin nous terminerons cette série d'appareils mécaniques par la description de la haveuse mécanique Carret et Marshall, principalement employée pour l'abatage de la houille, mais pouvant être appliquée au forage des galeries dans les terrains schisteux.

La machine à couper la houille de MM. Carret, Marshall et Ce (fig. 318 et 319), agit comme une raboteuse, elle est mue par l'eau employée à la pression de 20 atmosphères. Elle paraît au premier abord très compliquée, ce qui s'explique par cette considération qu'elle est automatique dans tous ses mouvements.

Elle se compose essentiellement d'un cylindre moteur de fonte A dans lequel se meut le piston dont la tige reçoit à son extrémité la barre M qui porte les couteaux c, c, c, le mouvement de cette barre est guidé par un galet V fixé à une autre barre parallèle à la précédente ; la distribution de l'eau se fait dans le cylindre A au moyen d'une combinaison d'un tiroir et d'une valve, qui agit comme un robinet à quatre eaux, et envoie l'eau alternativement sur chaque face du piston moteur. En relation avec le cylindre A se trouve un autre cylindre en fonte B dont l'axe est vertical, c'est une véritable presse hydraulique. Le piston de ce cylindre porte une tige à l'extrémité de laquelle est fixé un étai ou béquille de calage C, pouvant tourner autour de son point de suspension. L'eau envoyée alternativement au-dessus et au-dessous du piston de ce cylindre B par la même distribution qui commande le cylindre A, appuie la béquille C contre le toit de la galerie où se trouve la machine, la cale sur les rails pour donner aux couteaux c, c, c, le point d'appui nécessaire à leur travail, et décale ladite béquille lors de la marche en arrière de la tige M et des couteaux. Cette béquille est assez longue pour franchir les irrégularités que pourrait présenter le toit de la galerie. Dans le cas où l'on rencontrerait des failles ou des crevasses on introduit dans cette béquille une poutre en bois suffisamment longue pour s'appuyer sur un toit résistant.

L'ensemble de ces deux pistons et de leurs accessoires, dans les détails desquels nous ne pouvons entrer ici, est supporté par un bâti en fer D qui peut s'élever ou s'abaisser à la hauteur voulue le long des glissières E, E, qui sont fixées aux essieux du chariot ; ce mouvement est donné au moyen des vis sans fin F, F ; le pignon G et la crémaillère H permettent de faire varier la direction du cylindre A par rapport à l'axe de la galerie, c'est-à-dire de faire varier l'angle sous lequel les couteaux attaquent la matière. Les écrous I, I, permettent de régler l'inclinaison du porte-couteau M par rapport à la verticale, c'est-à-dire par rapport au front de taille.

Le mouvement du chariot sur les rails de la galerie est dérivé d'un goujon qui relie la barre porte-couteau M à la tige creuse du piston moteur A ; ce goujon est situé en dessous de la machine (il n'est pas visible dans la figure). Il déplace autour de son axe le levier *m n*, auquel il est relié par un petit bras ; ce levier commande lui-même, par l'intermédiaire de chiens d'arrêts *e* et d'un rochet *h*, une poulie sur la gorge de laquelle s'enroule une chaîne K amarrée à un point fixe L, établi dans la galerie en avant de la machine dans le sens où elle doit se mouvoir. Une chaîne *p* indiquée dans le plan, et reliée au mouvement du porte-couteau, ramène lors de la course en avant le levier *m n* dans la position voulue pour que le goujon le manœuvre lors de la course en arrière du piston.

L'appareil fonctionne de la manière suivante :

L'ouvrier ouvre le robinet d'admission, l'eau arrive à la valve de distribution, elle agit sous le piston B, elle applique la béquille C contre le toit de la galerie.

17.

Pendant ce temps l'eau arrive aussi derrière le piston du cylindre, et les outils s'avancent chacun de 0^{m}40 ; il y en a, dans le modèle qui nous occupe, 3 à 0^{m}30 l'un de l'autre. On voit qu'ils donnent un approfondissement total de 1^{m}20 à chaque course de piston.

Quand les outils sont arrivés à l'extrémité de leur course, l'eau pénètre au-dessus du piston de la presse B et décale la béquille C, tandis que le piston A et les outils reviennent en arrière ; le goujon indiqué précédemment fait alors tourner le rochet H, la machine tire sur la chaîne K et avance de la quantité voulue pour venir faire une nouvelle entaille. L'eau arrive alors de nouveau en dessous du piston de la presse B, cale de nouveau la béquille C, pousse les outils en avant et ainsi de suite.

Quand les couteaux rencontrent un obstacle, le tiroir de distribution continue sa course, en sorte que les couteaux reviennent sur eux-mêmes et donnent une série de petits coups. Au besoin on supprime l'obstacle par un coup de mine. Le plan des couteaux peut être rabaissé ou relevé à 1 mètre au-dessus des rails et les dimensions de la machine sont elles-mêmes variables suivant celles des galeries où elle doit travailler. Cette machine peut travailler sur un sol très incliné presque à 45° ; on la soutient au besoin par un contrepoids.

Le cylindre A peut tourner entre les roues du chariot, de façon à travailler à volonté, soit à droite, soit à gauche, comme l'indiquent les traits ponctués d'une des figures. La machine peut d'ailleurs se démonter facilement pour être transportée d'un point à un autre.

CHAPITRE XIV

Excavateur américain et dragues

Une des difficultés que présente l'exécution simultanée d'un vaste ensemble de travaux publics, est sans contredit la réunion, dans certains pays et sur divers points, d'un nombre assez considérable d'ouvriers, tout à la fois habiles dans leurs travaux et modérés dans leurs prétentions.

Partout où de vastes entreprises ont été tentées, cette difficulté s'est fait vivement sentir, des exigences sans nombre, des collisions fâcheuses ont fréquemment interrompu les travaux, et ont en outre élevé la dépense au delà des prévisions les plus sages et les plus larges.

Les États-Unis d'Amérique surtout, maintenant si riches en canaux et en chemins de fer, mais encore si pauvres en population, relativement à l'immensité de leur territoire, ont cruellement souffert de la rareté des travailleurs et de leurs prétentions lorsqu'il s'est agi pour eux d'exécuter les admirables et gigantesques travaux publics dont ils ont couvert leur sol, et qui ont été si bien étudiés et décrits par MM. le major Poussin, Michel Chevalier et Simonin. Aussi ne doit-on pas s'étonner si, de tous les efforts faits par divers peuples pour suppléer, par des moyens mécaniques, toujours disponibles et toujours dociles, au concours insuffisant, capricieux et dispendieux du travail manuel, les essais des ingénieurs américains ont été les plus complètement heureux, et les seuls dont une pratique régulière de plusieurs années ait sanctionné les avantages et constaté les services.

Nous voulons parler de l'ingénieuse machine exécutant la fouille et la charge, connue sous le nom d'*excavateur américain*.

Les sociétés savantes des États-Unis et de la Grande-Bretagne se sont fréquemment occupées de cet appareil, des principes de sa construction, des résultats de son action et surtout de sa valeur économique sous le double rapport de la rapidité des travaux et du non-emploi d'ouvriers terrassiers demeurés disponibles pour les travaux ordinaires de l'agriculture.

L'excavateur américain est une machine à vapeur locomobile, remplissant les fonctions d'un dragueur pour la terre ferme (fig. 326).

Cet appareil se compose d'une grue tournant d'un demi-tour sur elle-même, et du bec de laquelle pend une chaîne embraquée sur un treuil servant à descendre ou à relever le scoop.

A l'arrière de l'appareil, et en contrepoids du bec ou tête de la grue et des terres à enlever, est disposée la machine à vapeur et ses accessoires, ainsi que le treuil et ses divers engrenages ; le tout repose sur un seul châssis qui porte, au moyen de quatre roues en fonte, sur des rails que l'on dispose au fur et à mesure de l'avancement des travaux.

Une seule moise en bois forme la partie supérieure de la grue ; deux écharpes servent de point d'appui à la moise, et sont entretoisées de distance en distance. Une de ces entretoises placée au milieu de la hauteur des écharpes, sert d'axe à un treuil (fig. 329) sur lequel s'enroule une chaîne qui dirige le double manche de la cuiller ou scoop, et lui donne la précieuse faculté de se mouvoir d'avant en arrière.

Ce *scoop* est un veritable louchet de machine à draguer, mais d'une dimension beaucoup plus considérable. Sa capacité est de $1^m{}^3 50$. Il est armé, à sa partie antérieure, de fortes dents aciérées qui agissent comme de véritables pics ; son fond est à trappe et peut s'ouvrir à volonté pour décharger le contenu du scoop.

Marche de l'appareil. — Le jeu de l'appareil est réglé d'une manière très simple. La cuiller étant descendue horizontalement au niveau du sol, on applique la puissance motrice sur le treuil qui embraque la chaîne verticale à laquelle le scoop est suspendu par sa partie antérieure.

A mesure que celle-ci se relève en pénétrant dans le sol, le manche de la cuillère, qui glisse entre les deux écharpes, pousse la partie postérieure du louchet et aide ainsi à l'action générale. La solidarité de la roue motrice et du treuil, sur lequel embraque la chaîne de relevée, pourrait occasionner des ruptures et des accidents en cas de résistance ; cette solidarité a reçu une limite par l'emploi d'un frein dynamométrique, et la roue motrice devient indépendante et tourne à vide, quand la résistance que les organes de la machine peuvent vaincre est atteinte.

Une fois l'emplissage achevé, le fût de la grue tourne sur lui-même, et le scoop est dirigé avec la charge de terre, soit sur le bord de la tranchée si l'on veut retrousser les terres, soit dans les vagons

de terrassement amenés au point convenable sur
une voie parallèle.

Le déchargement s'effectue au moyen d'une manivelle qui met en action le verrou servant à ouvrir
et à fermer le fond du scoop. Quand celui-ci est
vide, on fait tourner à nouveau la grue, jusqu'au
point où la cuillère doit fonctionner. On détourne
les treuils, les chaînes sont désembrayées, le verrou
de la cuillère se referme de lui-même, et tout l'appareil est prêt à fonctionner de nouveau.

Rien de plus curieux à voir, de plus docile et en
même temps de plus énergique, de plus intelligent
que la manœuvre de cet outil gigantesque qui brise
les résistances énormes sans avoir l'air de les sentir, ou glisse, comme avec indifférence, quand il
est réduit à reconnaître son impuissance.

L'extrême puissance de l'excavateur américain
fait disparaître toute espèce d'obstacles, sauf les
rochers où il faut faire jouer la mine et qui sont
également inaccessibles aux terrassiers ordinaires :
tous les terrains sont propres à recevoir l'application de l'excavateur américain, lorsqu'ils ne sont
pas susceptibles de s'attacher aux parois du scoop ;
dans ce cas il ne pourrait pas opérer le déchargement. Lorsque des pierres d'une certaine dimension
se rencontrent dans le sol, ce qui arrive fréquemment, et ce qui a toujours été un écueil invincible
pour toutes les machines à terrassement dont il a
été question jusqu'ici, l'excavateur américain s'en
débarrasse avec la plus grande facilité, soit en les
engloutissant dans son vaste scoop, soit au moyen
de chaînes reliées à l'appareil et rattachées au bloc,
préalablement dégagé par les dents du louchet.

Il faut moins d'une minute de travail pour remplir un wagon de terrassement de modèle ordinaire. Les ouvriers qui disposent les rails au fur et à mesure de l'avancement des travaux, aident au besoin pour attacher les pierres qui peuvent se trouver dans le sol.

La machine à vapeur est verticale, elle est de la force de 12 à 15 chevaux. La chaudière est tubulaire et verticale ; elle se démonte en deux pièces pour opérer son déplacement avec facilité.

Plusieurs excavateurs américains ont fonctionné, en Amérique, aux travaux du chemin de fer de Boston à Albany ; l'Angleterre en a également employé sur l'Eastern Counties, le chemin de fer de Saint-Pétersbourg à Moscou en a employé sept, enfin, en France, M. J. W. Cochrane, capitaine de génie américain, titulaire du brevet dans notre pays, y fonda une société qui en fit construire quatre à Paris, dans les ateliers de MM. Warral et Middleton.

La première machine sortie des ateliers de ces habiles mécaniciens a fonctionné en présence des ingénieurs les plus distingués de notre pays, sur le chemin de fer du Nord, dans les terrains difficiles des environs de Creil et de Clermont ; le cube enlevé a été de 90,000 mètres cubes de terrassement, malgré les entraves occasionnées par les coalitions d'ouvriers.

Ces excavateurs ont fonctionné aussi sur la ligne du Havre et celle de Tours

Sur la ligne du Nord, voici quel a été le prix de revient de 20,000 mètres cubes pour fouille et charge :

Fouille et charge de 20,000 mètres cubes

11,737 kilogr. de houille, à raison de 3 fr. 20 les 100 kilogr.	556 fr.	21
1,024 hectolitres d'eau, à 0 fr. 20 l'un. . . .	204	80
45 journées de mécanicien, à 8 fr. l'une. . .	360	»
45 journées de conducteur de scoop, à 8 fr. l'une.	360	»
401 journées de terrassiers, à 3 fr. l'une . .	1.203	»
159 journées de manœuvres pour l'approche des vagons au chargement, à 2 fr. 50 l'une.	397	50
Huile pour le graissage de la machine pendant 45 jours, à raison de 7 kilogr. par jour.	315	»
Intérêt du capital de construction de la machine pendant deux mois, calculé à raison de 10 0/0 par an du capital de 42,000 fr., prix de revient des nouvelles machines construites récemment.	700	»
Auquel il faut ajouter les frais d'entretien et de dépérissement de la machine pendant deux mois.		

Ces deux éléments de dépense ont été considérables pour l'excavateur employé sur le chemin de fer du Nord ; nous ne possédons aucun renseignement à ce sujet. Nous pensons les évaluer comme il suit :

Frais d'entretien pendant deux mois, à raison de 1,000 fr. par mois..	2.000	»
Dépérissement pendant un mois, à raison de 30 0/0 de la valeur primitive	2.100	»
Frais de transport de la machine, de premier établissement, surveillance, faux frais divers, 20 0/0.	1.639	30
Total.	9.835	81

Ce qui donne par mètre cube pour fouille et
charge.. . . . . 0 fr. 492
Le prix de l'adjudication est de. 0   587
La différence représentant le bénéfice est de . . 0   095

D'après ces calculs, on voit que l'excavateur, travaillant au prix de l'adjudication, aurait pu gagner 0,095 par mètre cube ; mais l'entrepreneur avait un rabais assez considérable, de sorte qu'il y a eu perte.

On doit se demander si l'organisation spéciale de l'atelier de transport au vagon, qui semble une conséquence du mode de travail particulier de la machine, donne lieu à une augmentation dans les frais de transport, comparativement aux méthodes ordinaires. Nous dirons que dans les circonstances ordinaires des grandes tranchées, cette influence est tout à fait négligeable ; que le système de l'excavateur est même économique, quand la distance moyenne du transport est courte, relativement à la masse, et qu'il ne donne lieu à une augmentation que dans le cas où la distance moyenne du transport est considérable, relativement à la masse.

CONCLUSIONS

1° L'excavateur américain peut fonctionner avec succès dans les terrains de sable, de craie, de gravier, en général dans les terrains non susceptibles de s'attacher aux parois du scoop.

2° La hauteur maxima des tranchées qui convient à cette machine paraît être d'environ 10 mètres ; au delà de cette limite, il serait prudent d'attaquer le déblai en deux couches,

3° Le travail de la machine seule peut être représenté par celui de 80 à 90 terrassiers. L'excavateur
rendra donc de grands services dans les pays où la
main-d'œuvre est chère et les bras rares. En France,
elle a eu peu de succès et n'y est plus employée
aujourd'hui.

4° Malgré les chances de rupture et de dérange-
ment inséparables d'une machine aussi compliquée
(chances qui diminueront rapidement, avec l'expérience), et les pertes de temps qui en résultent, le
travail de l'excavateur est tout aussi rapide et économique que celui des grands chantiers de terrassements les mieux organisés. Il peut débiter par mois
au moins 10,000 mètres de déblai, et travailler avec
un rabais d'au moins 15 pour 100 sur les prix
d'entrepreneur.

5° L'excavateur pourrait rendre de grands services dans l'exécution des terrassements. — Les
résultats qu'il pourrait donner par suite, seront
incontestablement supérieurs à ceux que nous avons
déduits de nos observations.

La description de l'excavateur américain nous
conduit tout naturellement à l'examen d'autres
appareils de ce genre spécialement destinés aux
travaux souterrains.

Dragues

Nous avons décrit à leur place quelques-uns de ces
appareils ; nous allons nous occuper ici des dragues
dont nous avons vu quelques modèles à l'exposition.

Parmi ces dragues, celle du chevalier Mauret
était spécialement affectée au creusement des ports.
Elle était appliquée au port de Trieste,

MM. Wingate père et fils, constructeurs anglais, avaient exposé un modèle de drague semblable à celles qui fonctionnent dans la Clyde à Glasgow et dans la Tyne à Newcastle, où des travaux de recreusement ont lieu depuis le commencement du siècle. Dès 1824, une drague à vapeur fut employée à ce dernier travail, mais dès 1838 les dragages furent entrepris sur une grande échelle et poussés très activement. C'est le plus grand travail de ce genre après celui du canal de Suez.

Dès l'année 1864, le matériel s'était accru considérablement et se composait de six dragues, 52 porteurs de vase et bateaux divers, 10 porteurs de vase à hélice, et 7 remorqueurs à roues.

Le modèle exposé est à 2 élindes, fonctionnant dans des puits intérieurs et portant 34 godets de 400 litres. Elles ont des machines à balancier renversé, de la force de 200 chevaux de 75 kilogrammètres ; ces machines transmettent le mouvement au moyen d'engrenages aux tambours supérieurs des élindes, aux divers treuils qui servent aux mouvements d'avance et de recul et aux déplacements latéraux de la drague pendant le travail, et au besoin, de deux hélices qui lui servent de propulseurs pour se rendre à l'endroit où elle doit travailler.

Pendant cinq années, ces deux dragues ont enlevé à elles seules 7,435,685 mètres cubes, c'est-à-dire près de 60 0/0 du cube total fait par les six dragues. Leur rendement moyen annuel a été pour chacune d'elles de près de 620,000 mètres cubes.

Il faut observer qu'à cause des brouillards, des intermittences de marées et de l'activité de la navigation à certains moments sur la Clyde, leur travail moyen annuel n'est que de 2,100 heures, soit 300 jours à 7 heures par jour. Ce qui fait pour une moyenne de cinq années, un rendement de 300 mètres cubes à l'heure, par chacune de ces dragues.

Le prix moyen du mètre cube dragué a été de 0 fr. 54 centimes, ce prix comprend 0 fr. 37 pour le dragage et 0 fr. 17 pour le transport et la décharge à la mer au moyen de bettes à vase à vapeur. chacune de ces bettes à vase est munie d'une machine à vapeur de 135 à 140 chevaux de 75 kilogrammètres; elle transporte à la mer, en moyenne, chaque année, de 145 à 150,000 mètres cubes, et les frais d'exploitation coûtent de 21 à 22,000 francs.

Il serait désirable de voir des engins de cette puissance et donnant un travail utile aussi considérable et aussi économique appliqués aux travaux d'amélioration de nos principaux ports.

Nous donnons plus loin (fig. 331 et 332) le dessin d'une drague exposée en petit modèle par la compagnie du canal de Suez, ainsi que l'appareil destiné au déchargement des caisses.

Il y a là, comme on peut le voir, deux installations distinctes.

1° Les terres extraites par la drague (fig. 331 et 332) sont versées avec une certaine quantité d'eau en tête d'un long couloir C, dans lequel se meut une courroie sans fin c, contre laquelle sont fixées de petites palettes p. Cette courroie est soutenue dans sa longueur par des galets de roulement g. Les terres versées en tête du couloir sont prises par les petites palettes *p*, et ramenées à l'extrémité opposée E, d'où elles tombent sur la berge.

Tout le système est porté par une charpente rigide qui relie tout le système à la drague. Le porte-à-faux est supporté par un ponton P, et l'extrémité E du couloir est soutenue par le tirant T passant sur la flèche F, à la manière d'une poutre armée.

Le ponton P est relié au bateau dragueur et au couloir par des haubans ridés et entre-croisés.

2° L'installation (fig. 333, 334) a uniquement pour but le relèvement et le déversement en berge, des caisses G. Ces caisses se trouvent au nombre de sept, dans un bateau plat B non ponté, appelé *caratte*, dans le Midi. La charge est disposée à la partie la plus inférieure, pour qu'il ne soit pas *jaloux*. Ce bateau, disposé sous le couloir de la drague, glisse le long du bord, et au fur et à mesure que les caisses G se remplissent, après quoi il est remorqué au lieu de déchargement, où nous le considérons.

Un bateau ponton P, porte la machine qui, à l'aide d'une chaîne, fait remonter le chariot *c*, le long du chemin incliné. Lorsque le chariot est arrivé à la partie supérieure du chemin, à l'aide d'une disposition très simple, l'arrière de la caisse est soulevé, et celle-ci se déverse.

Cet appareil est entretoisé et armé comme le précédent. Le point d'appui de la flèche F est sur un chariot R, sur la plate-forme duquel tout le système, à l'aide des galets *g*, tourne d'une certaine quantité. Le mouvement de déplacement en long, a lieu à l'aide du chariot R, roulant sur une voie en fer, établie sur la banquette, le ponton suivant ce mouvement.

Nous avons vu, dans le Midi, une application antérieure de ce système, par M. Levat, ingénieur très distingué, qui l'avait adopté pour l'élévation des sels marins en camelle, au salin de Giraud. L'appareil élévatoire était une grue roulante à vapeur et à flèche tournante, construite par M. Combes, à Lyon. La caisse avait quatre crochets disposés latéralement et deux à deux à la partie inférieure, ainsi qu'un cinquième disposé à l'arrière. Dans le but de rendre la caisse plus rigide, et les ferrures moins coûteuses, nous remontâmes ces crochets à la partie supérieure, entretoisant ainsi les deux cadres. La caisse était agrafée à l'aide de quatre attaches à crochets fixées à un palonnier retenu par la chaîne d'élévation qui avait à un point quelconque de son parcours un maillon rapporté, et disposé de façon à accrocher une cinquième attache de l'arrière de la caisse au palonnier.

Dès l'instant où ce maillon rencontre cette cinquième attache, elle la soulève, et il y a en même temps que le mouvement d'élévation général de la caisse, un mouvement combiné de bascule, l'arrière de la caisse se soulevant au fur et à mesure. Ce mouvement combiné d'élévation dure jusqu'à complet déversement de la matière contenue.

Le maillon à taquet est déplacé et remis sur la chaîne, ou plus haut ou plus bas, suivant la hauteur à laquelle doit avoir lieu le déversement.

Une particularité ingénieuse de la caisse est à signaler.

L'avant est coupé un peu en biais, comme on le

voit sur la figure ; mais cette légère inclinaison n'empêcherait pas la porte de s'ouvrir sous le poids des matières contenues. Pour assurer la fermeture de la porte, on a disposé à sa partie inférieure (fig. 335) un volet léger en bois blanc, de 20 à 25 centimètres de largeur, attaché à la porte par des charnières. Ce volet, une fois la porte fermée, est couché sur le fond de la caisse, de sorte qu'il se trouve chargé par les matériaux, et son frottement sous cette charge, contre le fond de la caisse, est ce qui contribue à retenir la porte fermée jusqu'au moment où ayant atteint l'angle d'inclinaison qui l'emporte sur ce frottement, la porte s'ouvre d'elle-même immédiatement.

CHAPITRE XV

Talutage. — Corroyage

—

Talutage. — L'opération tendant à dresser la surface des talus, se nomme le *talutage* ; les ouvriers terrassiers employés à ce genre de travail prennent le nom de *taluteurs.*

Il y a deux espèces de talus à dresser, ceux des déblais et ceux des remblais.

Talutage en déblai. — Les talus des déblais se dégrossissent au moment de l'exécution de la fouille, de manière à ne laisser pour le dressement sur toute la surface des talus qu'une épaisseur moyenne de 10 centimètres.

La terre végétale et les terrains glaiseux sans mélange se dressent à l'aide du louchet; quant aux terres franches résistantes, tufs et marnes compactes, les terrassiers auvergnats emploient généralement la panne de la pioche, dont ils se servent avec une rare dextérité.

Dans les terrains pierreux on emploie la pointe de la pioche.

Généralement tous les talus de déblai se dressent à 45°, c'est-à-dire à 1 de base pour 1 de hauteur. Cependant, quand les terrains sont peu résistants, on établit quelquefois tous les deux mètres une banquette de 0^m50 de largeur, de manière à former un talus en gradins, alors il faut calculer le front du talus, pour qu'avec la somme des banquettes l'écartèment à la hauteur de la tranchée soit équivalent à un talus de 1 pour 1.

Talùtage sur les remblais. — Il faut autant que possible former les remblais au fur et à mesure des transports, de manière que les talus restent en maigre de 20 à 25 cent. pour pouvoir y rapporter une couche de terre végétale dont on veut couvrir toute la surface.

Si les remblais étaient en terre végétale, on les tiendrait autant que possible à l'épaisseur du profil.

Pour amener le remblai à ligne du profil, on place, tous les 20 à 30 mètres de distance, des gabarits ou règles en sapin bien dressées et inclinées suivant la pente et les alignements du talus. Ces règles doivent bien se dégager entre elles.

Lorsqu'un talus est formé par un sol naturel très incliné, ce qui arrive souvent lorsque l'axe d'une route suit le versant d'une colline, on taille dans le terrain naturel avant de le revêtir de la couche de terre végétale, une série de redans espacés de mètre en mètre.

Cette opération a pour but de lier la terre rapportée avec le sol et d'empêcher le glissement de la partie supérieure au pied du remblai.

Lorsque le remblai est mené à son profil, moins l'épaisseur en terre végétale, on le revêt de cette couche par tranches horizontales de 0^m20 d'épaisseur qu'on pilonne, en s'élevant par jets successifs.

Cette terre végétale provient souvent de la surface sur laquelle repose le remblai, et que l'on a eu soin de relever en dépôt sur les côtés du talus.

Ce pilonnage par couches de 0^m20 a lieu à l'aide d'un *pilon* ou *dame* pesant 10 kilogr.

Les ouvriers pilonneurs et taluteurs se tiennent sur le flanc du remblai, sur la banquette qu'on élève successivement.

Les uns pilonnent verticalement comme nous venons de le dire, et les autres frappent sur le côté du talus pour le dresser, avec une *dame-plate*, (fig. 175).

Lorsqu'ils ont frappé la terre et qu'il se trouve des parties déjà battues plus élevées que le profil du remblai, ils enlèvent cet excédent avec un râteau, (fig. 178) et ils l'envoient dans une partie creuse, s'il y a lieu.

C'est en talutant les remblais que l'on peut, soit semer la graine, soit faire une plantation.

On emploie encore pour battre les côtés du remblai une espèce de massue en bois appelée *batte à talus* (fig. 174) ; elle ressemble un peu à celles employées par les maçons pour battre le plâtre, excepté qu'elle présente une surface plate beaucoup plus large.

Le talutage ou dressement d'un mètre superficiel de talus varie de 0^m05 à 0^m06.

Corrois. — Voici la méthode employée au canal du Centre pour la confection du corroi ; nous devons cette note à l'obligeance de M. Deshayes, conducteur des ponts et chaussées.

Toute espèce de terre, pour peu qu'elle contienne un mélange d'argile, est propre à entrer dans la confection d'un corroi ; il faut autant que possible qu'elle soit débarrassée de toute espèce de racines, de pierres, ou de sable, pour qu'il y ait homogénéité des matières et pour éviter les infiltrations que l'on veut prévenir.

Lorsqu'on se propose de placer un corroi sur un terrain naturel, il faut fouiller ce terrain de 20 à 25 centimètres (après avoir enlevé la terre végétale et les racines qui peuvent s'y trouver), afin de relier convenablement le corroi avec le sol.

Cette préparation faite, on répand une couche de terre de 10 centimètres, destinée à former la première couche du corroi. Cette couche doit être battue, à l'aide d'un pilon en bois pesant 3 à 4 kilogr. (fig. 173).

Ces pilons tomberont sur la terre, de $1^m 50$ à 2 mètres de hauteur au moins, de manière que chaque coup recouvre le précédent de 5 centimètres; après avoir repassé ce battage à deux reprises différentes sur la même couche, on la recouvrira d'une seconde couche de 10 centimètres et battue de la même manière, et ainsi de suite jusqu'à la hauteur donnée.

On reconnaît qu'un corroi est bien battu lorsqu'il devient difficile d'y introduire l'extrémité d'une canne.

Sous-détail du prix d'un mètre cube de corroi. — Dans un terrain ordinaire, pour battage seulement, en parcourant deux fois toute la surface, et chaque coup de pilon recouvrant le précédent de 0^m05, de telle sorte qu'il soit appliqué 144 coups de pilon sur la surface d'un mètre carré, en deux fois 288 coups. Un ouvrier frappe 12 coups en une minute, eu égard au temps perdu. En dix heures de travail, il frappera 7.200 coups, lesquels coûteront 1 fr. 50, prix de la journée, et pour les 2.880 coups appliqués sur un mètre cube . . . . 0 fr. 60

Transport de l'eau ; triturage de la terre	0	02
Frais d'outils et conduite . . .	0	02
Total. . . .	0	64
Bénéfice et avance de fonds . .	0	06
Prix du mètre cube. . .	0	70	0 fr. 70

Sous-détail du prix d'un mètre cube de corroi dans un terrain pierreux

Battage comme ci-dessus . . .	0 fr.	60
Transport de l'eau et préparation de la terre.	0	02
Enlèvement des pierrailles avec soin hors de la façon du corroi	0	06
Frais d'outils et conduite . . .	0	02
Total	0	70
Bénéfice et avance de fonds 1/10	0	07
Prix du mètre cube . . .	0	77	0 fr. 77

Ces prix de journées ayant été établis pour l'entretien du canal du Centre, pendant les années 1827, 28 et 29, il y a lieu d'augmenter notablement ce prix.

Les corrois qu'on est obligé de faire quelquefois derrière les maçonneries, les bajoyers d'écluses ou derrière les chambres des portes, doivent se faire avec beaucoup plus de soin.

A cet effet, on prépare la couche de terre comme dans le corroi ci-dessus indiqué ; seulement, après

avoir été répandue, elle est arrosée d'un lait de
chaux. On donne ensuite à la surface un léger coup
de pioche pour bien opérer le mélange, puis on la
frappe avec la batte à corroi ci-dessus décrite ;
ensuite on passe avec la même batte découpée dans
sa base, de manière à représenter quatre secteurs
garnis de fer, de telle sorte que chaque coup de
cette batte forme dans le terrain quatre aspérités
de 3 à 4 centimètres de profondeur (fig. 176, 177).

C'est après avoir parcouru toute la couche qu'on
étend une nouvelle couche de 10 centimètres d'épaisseur arrosée comme précédemment et battue de la
même manière.

Ce travail a pour but de relier toutes les couches
entre elles, et de manière à ce que tout le corroi
ne fasse qu'un seul et même corps.

Cette méthode a été plus particulièrement employée au canal du Centre, où l'on a reconnu
quelques années après que ces corrois étaient deve-
nus aussi durs que la maçonnerie elle-même.

Dans le Midi, on a souvent recours aux chevaux
pour le corroyage des terres. Sur une couche variant de 10 à 15 centimètres d'épaisseur, convenablement morcelée et arrosée, on fait tourner une
roue de 12 à 16 chevaux accouplés deux à deux et
tournant autour du gardien qui se tient au centre
de la roue, et qui se déplace continuellement de
manière à ce que les chevaux piétinent partout. Ce
mode de corroyage est excellent par suite de la
pression plus grande de la terre par les sabots des
chevaux et des aspérités formées par ces mêmes
sabots, ce qui permet de relier intimement la couche
piétinée à la couche suivante.

18.

Nous avons employé ce mode de corroyage à la construction de grands réservoirs en dessus du sol destinés à contenir 100,000 mètres cubes d'eau.

FIN DU TOME PREMIER

TABLE DES MATIÈRES

CONTENUES DANS LE TOME PREMIER

FIN DE LA TABLE DU TOME PREMIER

BAR-SUR-SEINE. — IMP. Vᵉ C. SAILLARD.

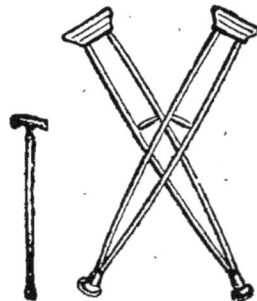

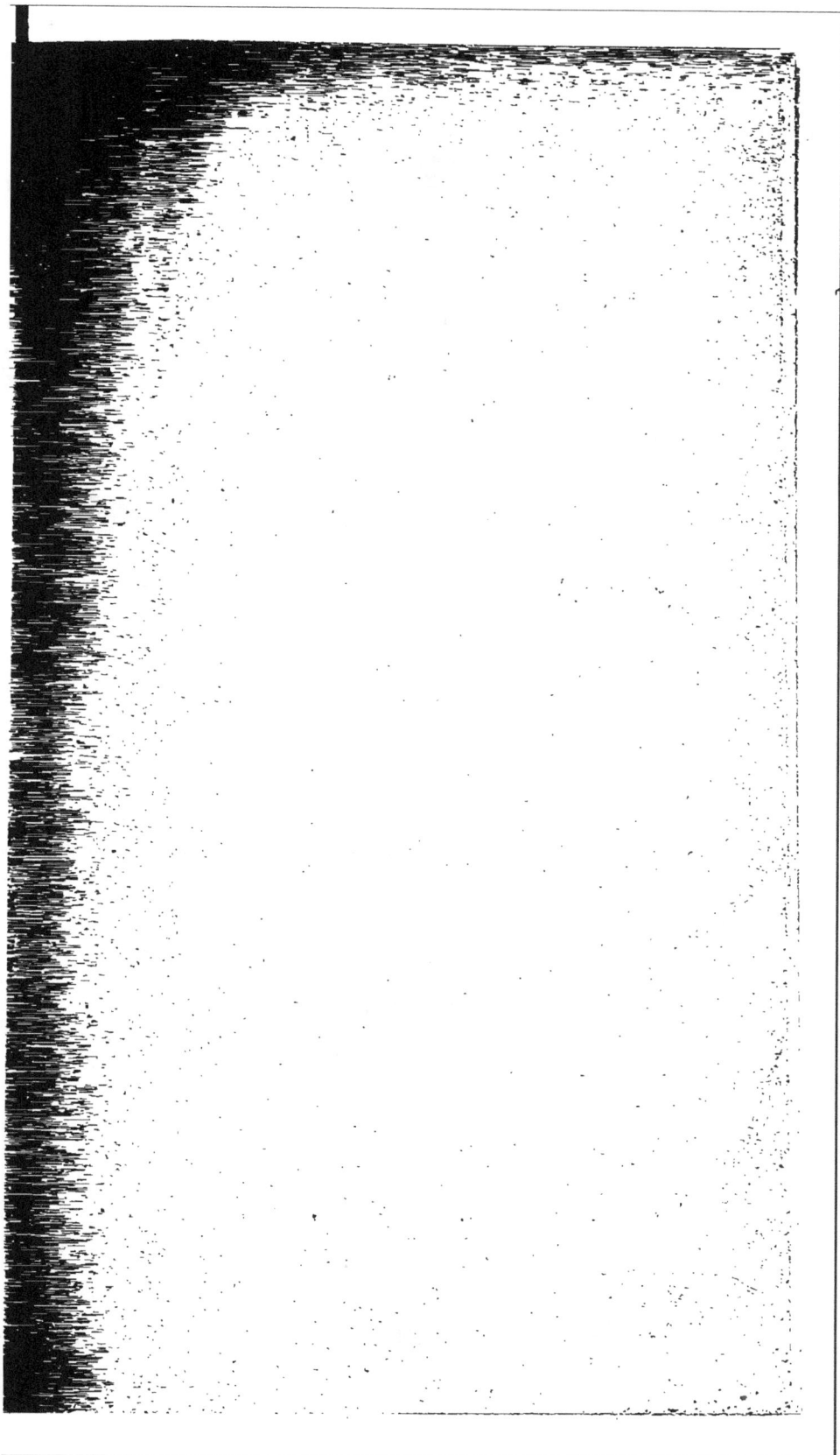

ENCYCLOPÉDIE-RORET

COLLECTION

DES

MANUELS-RORET

FORMANT UNE

ENCYCLOPÉDIE DES SCIENCES & DES ARTS

FORMAT IN-18

Par une réunion de Savants et d'Industriels

Tous les Traités se vendent séparément.

La plupart des volumes, de 300 à 400 pages, renferment des planches parfaitement dessinées et gravées, et des vignettes intercalées dans le texte.

Les Manuels épuisés sont revus avec soin et mis au niveau de la Science à chaque édition. Aucun Manuel n'est cliché, afin de permettre d'y introduire les modifications et les additions indispensables.

Cette mesure, qui met l'Editeur dans la nécessité de renouveler à chaque édition les frais de composition typographique, doit empêcher le Public de comparer le prix des *Manuels-Roret* avec celui des autres ouvrages tirés sur cliché à chaque édition, et ne bénéficiant d'aucune amélioration.

Pour recevoir chaque volume franc de port, on joindra, à la lettre de demande, un mandat sur la poste (de préférence aux timbres-poste) équivalant au prix porté au Catalogue.

Cette franchise de port ne concerne que la **Collection des Manuels-Roret** et n'est applicable qu'à la France et à l'Algérie. Les volumes expédiés à l'Etranger seront grevés des frais de poste établis d'après les conventions internationales.

Bar-sur-Seine. — Imp. Vᵉ C. SAILLARD.

www.ingramcontent.com/pod-product-compliance
Lightning Source LLC
Chambersburg PA
CBHW060356200326
41518CB00009B/1165